太陽の不都合な真実

異常気象の陰で蠢く
裏NASA

飛鳥昭雄
AKIO ASUKA

ビジネス社

プロローグ

常軌を逸した世界

「コヤニスカッティ／KOYAANISQATSI」とは、アメリカ原住民ホピ族の言葉で「常軌を逸した世界」「バランスを失った世界」の意味で、まさに現代起きている〝異常気象の世界〟を指している。ホピ族といえば、多くの終末預言を残すプエブロ系ネイティヴのため、簡単に無視できない特別な言葉といえる。

今、世界は「地球温暖化」を超える「世界異常気象」に突入しており、学者たちは今のままなら地球は灼熱の金星のようになると警告、過激な説ではその分水嶺は2030年で決まるともいい、全人類が滅亡する「critical point／クリティカルポイント（臨界点）」としている。

これはドイツの「ポツダム気候影響研究所」のヨハン・ロックストローム教授の理論「Hot

house earth／ホットハウスアース理論」で語られた言葉で、1997年に京都で開催された「京都議定書」がそのベースになっている。

「京都議定書」については後で詳細に語ることになるが、2024年、気象庁の「異常気象検討会」はこの年の夏の世界的猛暑の要因を、「地球温暖化」のみならず、春まで続いた「エルニーニョ現象」により中緯度を中心に大気全体の気温が記録的高さになったためとした。

「エルニーニョ現象」とは、太平洋赤道域の海面水温が広範囲に上昇することで、日本近海の海水面水温も上昇、日本南海上に「太平洋高気圧」が強まり、暖かく湿った空気が流れ込み、次々と入道雲が連なる線状降水帯による「バックビルディング現象」が勃発、結果として異常降雨による「河川氾濫」、「土石流」を全国各地に起こす大災害となった。

地球が沸騰化

もちろん、台風も勢力を増し、2024年は11月になっても夏の暑さが残り、「秋雨前線」が刺激されて大雨が降り続く事態となった。

日本経済も、日平均気温が1℃上昇（または下降）すると、3カ月先（次の季節）の衣服を用意するショッピングセンターの衣料の売上が約3パーセント減少（または増加）し、家具を扱うホームセンターでも2・4パーセント減少（または増加）するとされるが、まるで夏から秋がなく冬になるような異常気象下では先が読めなくなる。

これが世界規模になると、東アジア～東南アジア、中央アジア～北アフリカ北部、北米北部、北米東部～南部、南米中部などで例年を超える気温上昇を記録、特に異常高温となった地域は、東アジア東部、中国南部～オーストラリア北東部、インド南部、中央アジア南部、アラビア半島、ヨーロッパ東部～北アフリカ北西部、マダガスカル島北部、北米北部、北米南部～南米中部だった。

年降水量となると、中央アジア北西部～アラビア半島、ヨーロッパ中部～西部、中央アジア南西部、ヨーロッパ南西部～北アフリカ西部が平年よりも多く、中央アジア南西部、ヨーロッパ南西部～北アフリカ西部は例年より少なかった。

一方でさらなる異常多雨は、ヨーロッパ中部、ロシア西部、ヨーロッパ中部で頻繁化、逆の異常少雨は中国南部～インドシナ半島、北アフリカ北部、カナダ東部～中部で発生した。

特にヨーロッパの2024年夏の温暖化は、もはや温暖化を超えた高温化の有様で、国連事務総長のアントニオ・グテーレスの言葉を借りれば「地球沸騰化」となる。

『不都合な事実』を生んだ「京都議定書」!!

この異常気象の原因のほとんどを「二酸化炭素」とする火付け役となったのは、2007年に公開されたドキュメント映画『不都合な真実』であり、そのショッキングさで世界中に一大センセーションを巻き起こした。

アフリカのキリマンジャロの頂上で雪が激減し、南米パタゴニアの氷河が目に見えて後退し、南米を襲来しなかったハリケーンがブラジルに上陸し、フィジー諸島のツバルが海面上昇で消えかかるという、まさにセンセーショナルな内容だった。

原因は、先進諸国が長い年月の間、勝手放題に吐き出し続けた二酸化炭素とされ、それが蓄積した結果、地球の環境バランスを崩すまでになったと映画は警告していた。

だが、現在進行形で起きている「地球温暖化」、「地球沸騰化」の原因は、本当に二酸化炭素なのだろうか?

この啓蒙映画『不都合な真実』を製作した元アメリカ副大統領のアル・ゴアは、ノーベル平和賞を獲得し、「京都議定書」を経てさらに「地球温暖化」という言葉が世界中に拡散した。

が、ここで妙なことが起きる。

ブッシュ・ジュニアが、「温暖化は起きていない」、「起きているとしても、人類が放出した二酸化炭素のせいだという根拠がない」、「『京都議定書』に基づいて二酸化炭素の排出を減らせば効果があると考える根拠もない」として地球温暖化問題を無視し、タカ派で知られる「ウォールストリート・ジャーナル紙」もこの大統領の判断に同調し、２００１年、アメリカは「京都議定書」から脱退する。

理由を「７パーセントのCO_2の削減を実現した場合、アメリカは年間３９７０億ドルの経済損失が見込まれる」からとしたが、真実は他にあったのではないか？

地球温暖化のプロセス

ここで地球温暖化が起きるプロセスを検討してみよう。

温暖化が起きる原因は、太陽から地球に降り注ぐ熱と、地球から外に放出される熱の違

映画「不都合な真実」は世界中でヒットを記録した。

いから発生する。太陽から波長の短い紫外線が飛び込み、出ていく際、波長の長い赤外線になる。

両者のバランスが保たれている間、地球の温度はさほど変わらないが、赤外線を封じ込める二酸化炭素の量が増えれば話が違ってくる。大気中の二酸化炭素量が増加すれば、入り出のバランスが崩れ、熱は溜まるばかりになるという。

かくして地球は温暖化するというのが、エコロジストの主張である。

一方、「京都議定書」から離脱したはずのアメリカは、裏ではこんな報告書も作成している。

２００３年、アメリカの「ペンタゴン／国防総省」が提出した秘密報告書に、「地球温暖化が起こす脅威は、テロによる被害を遥かに上回る」と明記されていた。

二酸化炭素の温室効果により気温が上昇!?

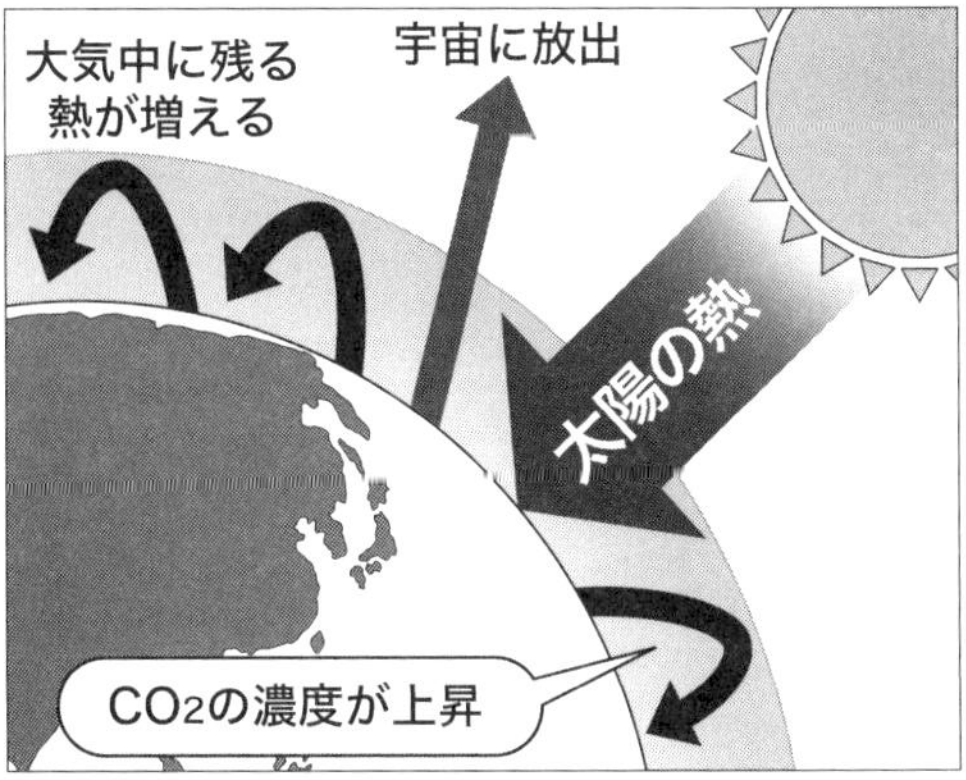

二酸化炭素の排出量が増えると、その温室効果によって、宇宙に放出されずに大気中に残る熱が増え、地球の温暖化が進むとエコロジストは主張する。

同報告書には、グリーンランドの氷床が溶けると、北大西洋の塩分濃度が下がり、海流循環が停止してメキシコ湾流の速度を著しく低下させるとある。結果、ヨーロッパでは温暖化に逆行する寒冷化が襲い、特にイギリスからドイツ一帯はシベリアの極寒地帯と同じになって、２０２５年には食糧危機によりＥＵは崩壊すると予測していた。

さらに、２０１０年頃から世界中の農作地帯が干ばつに襲われ、２０２０年、世界中で食糧危機が本格化して、戦争や内乱が絶え間なく起こるとある。

にも関わらず、ブッシュ・ジュニアは温暖化ガスの排出抑制を行わないとしたが、真の理由は単にアメリカの経済損失だけとは思えない。何か、もっと他に重大な理由をアメリカは隠しているのではないのか？

その謎を本書で探っていきたいと思う。

Prologue

地球が沸騰している!

第一章

太陽系全体が温暖化している!

第二章 天体も生命体である

第三章 環境ビジネスの不都合な真実

第四章 真っ赤な太陽の真実

第五章 「HAARP」の標的は日本なのか?

Epilogue

人類の未来に救済はあるか

第一章
太陽系全体が温暖化している！
——崩壊するビッグバン宇宙論——

地球だけではなく太陽系全体が温暖化

１９９１年、デンマークのＫ・ラッセンとＥ・フリース・クリステンセンは、過去１００年間の太陽の黒点数と地球の平均気温を徹底調査した結果、両者がかなり高い相関関係にあることをつかんだ。

太陽活動の指標とされる、相対黒点数が変化する11年周期と気候の変化が関係することが立証されたわけではないが、太陽黒点の異変の他に、太陽風（電気を帯びた粒子）の強度が注目されている。

太陽活動の活発化が太陽磁場の混乱を起こすため、地球に到達する宇宙線の量が減少するといい、そうなると地球を覆う雲の発生が減少し、地表に到達する日射量が増加することになる。結果、気温が上昇するというのだが、それもまだ完全に証明されたわけではない。それでも太陽の輻射熱が上昇しているのは事実で、近年、太陽活動は間違いなく活発化しているのである。

火星も土星も温暖化している

地球温暖化の原因が太陽なら、地球だけで温暖化が起きるのはおかしいことになる。そこで火星だが、近年、両極の氷冠の大きさが小さくなりつつある。

火星では地球の4倍を上回る温暖化が起きていて、存在しないはずの磁場も回復を増しつつあり、大気が戻ってきたともいわれている。1999年以降、火星の極冠は半減し、海を持たない火星は、太陽エネルギー増加の影響をもろに受けてコントロールできない状態だという。

冥王星も例外ではない。冥王星で温暖化現象が見られているからだ。土星と金星も温度が高くなって明るさを増している。

木星の磁場の強さも、1960年に比べて2倍以上も強くなり、土星の衛星タイタンの大気層も、1980年の「ボイジャー1号」で観測した結果より、10〜15パーセントも厚くなっている。

科学誌「ネイチャー」（2000年10月28日号）は、「過去1万年の中、最近の太陽活動は異常である」として、事実、21世紀初頭、11年周期の黒点減少期にも関わらず、太陽の活動は活動期よりも活発で、大規模な太陽表面の爆発も次々と起きていたことを伝えている。

さらに、アル・ゴアの『不都合な真実』が警告する、地球温暖化の元凶を二酸化炭素だとする主張に対し、イギリスの38名の気象学者たちによる反論が相次いだ。

彼らはインターネットの「4ch」と協力し、以下のような見解を述べている。「地球温暖化の主たる原因は、二酸化炭素の増加によるものではなく、太陽活動のサイクルが激変したことにある!!」と。

太陽系は「太陽プラズマ圏」である

太陽活動を地球温暖化と無縁とするほうが、どうも無理があるようだ。

太陽系全域は、太陽の「5分振動」の影響下にある。太陽が全方位に放つプラズマの風が、遠く冥王星の外にまで延びているからだ。

これを敢えて「プラズマ・シールド」と命名するが、このシールドがあるため、太陽系外から飛来する有害な宇宙線が跳ね返されているのである。たとえば超新星爆発で発生する破滅的エネルギーは、そのまま地球を直撃すれば、地表など瞬時に吹き飛ばされて跡形もなくなるという。

しかし、「プラズマ・シールド」が5分間隔で脈動しながら、太陽系全体を守っている。

このシールドは球体であり平面的な円盤型ではない。見方によれば、太陽系全体が一つのプラズマ球体ともいえ、「太陽プラズマ圏」ともいえる。

その意味からすると、地球は昔から太陽に呑み込まれているのだ。地球や木星には尾があるといわれ、太陽風がつくるプラズマの尾を、太陽と逆方向になびかせている。彗星の尾と同じで、実際、観測衛星で地球の尾は観測されている。

当然、太陽系のすべての惑星と衛星は太陽の影響を受けており、これを「ヘリオスフィア（太陽圏）」といい、超音速の太陽風と星間物質が混ざり合う「ヘリオポーズ」を境界とする範囲をいう。

そして、太陽が自らヘリオスフィアへの影響力を強め始めたため、地球を含むすべての太陽系の惑星と衛星で温暖化が起き始めているのである。

仮に今のまま太陽活動が収まらず強まる一方なら、地球上では雲も消滅して雨がまったく降らなくなり、穀物が育たなくなる。そればかりか、海水そのものが霧散し、地表が高熱で溶け出す可能性もないとはいえない。

もしそうなると、地球は太陽によって焼かれることになる!!

ブッシュ・ジュニア（元）大統領が「京都議定書」を認めない背景には、その事実を隠していた可能性がある。

宇宙は99・9999999999…パーセントのプラズマでできている!! ——プラズマ宇宙論

超電磁波ゾーンが宇宙空間に存在する。それが「プラズマ・フィラメント」で、宇宙の全物質の99・9999999999999999……パーセントは、電気伝導性の高いプラズマの影響下にあるとされる。プラズマと関わらない物質のほうが宇宙空間では圧倒的に少なく、宇宙は巨大な電流と強力な磁場が支配する世界で、その両方ともプラズマが発生させている。

電磁気と重力の相互関係で維持される無限の世界、それが最新の宇宙大系といってもいい。太陽系、銀河系、星雲、銀河団、超銀河団、グレートウォールなどの大規模構造も例外ではなく、すべてがプラズマの強い影響下にある。プラズマがそれらすべてをつなぎ止め、構築しているのだ。

つまり宇宙の支配者は重力ではなくプラズマなのである。これを「プラズマ宇宙論」という。その理論の中心人物は、スウェーデンの物理学者ハンネス・アルベーンである。

アルベーンは、プラズマ物理学の基盤となる磁気流体力学の基礎を築いた功績を認められ、1970年の「ノーベル物理学賞」を獲得した。アルベーンは、ビッグバンで宇宙が生まれたとする標準的宇宙論に対し、ビッグバンがなくても宇宙は構築されるとする「プラズマ宇宙論」を提唱した人物でもある。

宇宙はプラズマで満ちている

宇宙がプラズマで満ちていることを初めて予測したのは、ノルウェーの物理学者K・ビルケランドだった。

1913年、ビルケランドは「宇宙全体が電子と帯電したイオンで満たされていることは自然なことだ。星は各段階でプラズマを宇宙に放出し、太陽系や星雲以外の宇宙空間で、プラズマが観測されたとしても何の不思議もない」と主張した。

アルベーンは、プラズマが絶えず反発し、引き合いながら成長し、その繰り返しの中で大規模構造を創り出すとし、この大規模構造はビッグバン理論の落とし子でもある重力では構築できず、プラズマを流れる電気と磁場によってこそ形成されるとした。

事実、宇宙最大の構造物である「グレートウォール(※1)」を解明するには、ビッグバン宇宙論では不可能である。グレートウォールは、ビッグバン発生時よりも古い時代の元素

※1 膨大な数の銀河で構成される「壁」。地球から約2億光年のところにあり、5億光年以上の長さと約3億光年の幅がある。宇宙で最も大きな構造物の一つ。

ででき、ビッグバン最初の余波が行き着く彼方に存在する。

「ビッグバン理論」には矛盾があることが明らかに

かくして、138億年前、ビッグバンがすべての物質を放出したとする理論は空虚化し、副産物である重力を宇宙の支配者とする説には無理が出てきた。「プラズマ宇宙論」と世代交代するのはもはや時間の問題なのだ。

太陽系、銀河系、銀河団、グレートウォールなどの巨大構造は、「プラズマ・ネットワーク」で結ばれながら、互いを維持しているという。仮にプラズマの長さが数万光年に達するなら、そこを巨大な電気が流れて未曾有の磁場を発生させている。

結果、電気と磁場の相互作用によってプラズマの形は千変万化し、プラズマの柱同士が互いに絡み合ってさらに複雑な構造を創り出す。このネットワークは無限に拡大し、その最小単位が恒星を中心とする太陽系であり、プラズマの柱を「プラズマ・フィラメント」という。

「ビッグバン理論」にとって致命的だったのは、深度宇宙探査で最新最強の「JWST／ジェイムズウェッブ宇宙望遠鏡」が登場し、撮影した深宇宙の観測結果から、ビッグバン宇宙論が間違いであるとする、上記のような結果が確認されたことだ。従来、ビッグバンは138億年前に起きたとされてきた。しかし、前述の数々の事態に状況不利と感じたビッグバン信奉者たちは、勝手にゴールポストを後退させ、現時点での安全圏と思われる267億年前まで宇宙の大爆発を変更する。何と2倍の水増しである。

そうまでして「ビッグバン理論」を守ろうとしているのだが、どう考えても「プラズマ宇宙論」のほうに分がある。

実際にはビッグバンなどなかった!?

「ビッグバン理論」にとって不都合な真実は、遠方の天体から届く光の波長が「赤方偏移」することから、遠ざかる救急車のサイレンの「ドップラー効果」と同じく、銀河同士が互いに遠ざかっているのを大前提としている点にある。しかし、実際の「分布（スペクトル）」を精密観測した結果、地球から遠い天体からの光ほど波長が伸びているのは、宇宙が膨張しているのではなく、光が宇宙を旅する過程で他の様々な物理現象と作用し、エネルギーが減衰した結果だということがわかってきた。これを「疲れた光」といい、赤方偏移と同じ光学現象を引き起こすのである。

なぜ「地球温暖化」、「地球灼熱化」に、宇宙規模のビッグバンが関係するのかを科学的に説明する必要があるが、もう少しだけ我慢してついてきてほしい。

ビッグバンは『旧約聖書』の辻褄合わせ

「そもそも、ビッグバンなど起きていません」とは、ブラジル・サンパウロ州「カンピーナス大学」の「IMECC-UNICAMP／数学・統計学・科学技術計算研究所」の物理学者ジュリアーノ・セザール・シルバ・ネーベスの言葉である。

ネーベス曰く「もし時空に高速膨張段階があるなら、ビッグバンに先立つビッグクラッシュの超収縮段階がなければならず、その痕跡が消えるわけではありません」。

それもそのはず、ビッグバンはビッグマウスの〝大嘘つき〟の隠語で、カトリック教会の司祭で天文学もかじったベルギーのジョルジュ・ルメートルが言い始めた「無から有が生まれるトンデモ超非科学」、つまり見えない神を信じる〝カトリック信仰〟の一環だったのだ!!

ルメートルのビッグバンの種明かしは、天文学の学位を持つ司祭のルメートルが、以下の『旧約聖書』の矛盾を誤魔化すために編み出した〝妄想〟だったのである。

「神は言われた。『光あれ。』こうして、光があった。神は光を見て、良しとされた。神は光と闇を分け、光を昼と呼び、闇を夜と呼ばれた。夕べがあり、朝があった。第一の日で

ある。」（「創世記」第1章3〜5節）

「神は二つの大きな光る物と星を造り、大きなほうに昼を治めさせ、小さなほうに夜を治めさせられた。神はそれらを天の大空に置いて、地を照らさせ、昼と夜を治めさせ、光と闇を分けさせられた。神はこれを見て、良しとされた。夕べがあり、朝があった。第四の日である」（「創世記」第1章16〜19節）

ルメートルは、『旧約聖書』の「創世記」の中で太陽が二度創られた矛盾を誤魔化す大博打を打ったのだが、それが〝無から有が生まれる〟非科学の極致の〝信仰のビッグバン〟だった!!

「創世記」の矛盾の解き明かしは簡単で、天地創造の第1日目は天の父エローヒムが〝光〟の象徴である絶対神ヤハウェ（エホバ）を召喚した言葉で、第4日目（聖書学的には4000年目）は、水とダストで成る暗黒物質の雲の中で成長した太陽が、胎盤である暗黒星雲から顔をのぞかせた瞬間を意味したことになる。

アインシュタインはビッグバン否定論者だった!!

アルベルト・アインシュタインは、「宇宙に始まりがあった」という説に否定的で、エドウィン・ハッブルも銀河系が遠ざかっているとしか発言しておらず、ビッグバンなどまったく主張していない。

現在、「物理学と時空幾何学プロジェクト」は、宇宙の一般相対性理論方程式でビッグバンを洗い直し、結果としてネーベスとアルベルト・バスケス・サーは「スケール因子」を導入して〝宇宙論的特異点〟のビッグバンなどなくても宇宙が構築できることを科学的に証明した。

しかし、1920年代後半にアメリカの天文学者エドウィン・ハッブルがすべての銀河が互いに遠ざかっていることを発見して以降、天文学者らは、ビッグバンを最初から信用しないアインシュタインの「一般相対性理論」に基づき、138億年前に無から有が出現したトンデモ論の実証に膨大な時間を無駄にしてきたのだ。

これを「ビッグバン宇宙進化論」といい、チャールズ・ダーウィンの「進化論」を宇宙の成り立ちに加えた結果といえる。現在のバチカンの教皇フランシスコは、ビッグバンを認めるため反創造論ともいえる「進化論」も認める抱き合わせを演じている。

結果、以下の3段階がバチカンの信仰「ビッグバン進化論」の基本理論となる。

1：無限の加速膨張

2：膨張の永続的停滞

3：自身の質量が持つ重力によって膨張から収縮に反転する収束過程（ビッグクランチ）

それとは真逆に、「IMECC-UNICAMP／数学・統計学・科学技術計算研究所」の物理学者ネーベスは、特異点（ビッグバン）を設けないことで、宇宙の収縮と膨張が説明でき、138億年前より古い天体や銀河が存在する理由も説明できるとする。

ネーベスは、その基盤をブラックホールとし、そこに痕跡が残されていると考えている。ブラックホールはあらゆる物質を呑み込んで圧し潰す「特異点」で、万物がその巨大な引力から脱出できない「帰還限界点」という「境界面」のため、その先に別の時空が存在するとしている。

その考えは、アメリカの物理学者ジェームズ・バーディーンが発想したもので、その向こうに別宇宙があり、多元宇宙論の「マルチバース」が存在すると想定している。

それが葡萄の房のように拡大し続ける以上、ビッグバンもビッグクラッシュも必要なく、せいぜい太陽の「5分振動」の鼓動のように我々の宇宙も微細な鼓動をしていると考える。

宇宙は加速膨張していない！

２０１９年10月28日、科学ニュース「Physics World」は、「宇宙の加速膨張」でノーベル物理学賞を受賞した科学者ソール・パールマッター、ブライアン・Ｐ・シュミット、アダム・リースに対し、宇宙は加速膨張していない可能性を指摘した。

宇宙の加速膨張は、天文学上の宇宙距離を測定する際に用いられる「標準光源」の観測により発見された。つまり、「Ia型超新星」（標準光源）と赤方偏移のデータから算出したことになっている。「Ia型超新星」の光度が想像以上に低いのは加速しながら遠ざかっているからとされたのだが、同時に宇宙を加速膨張させている原因は、未発見のダークエネルギー（暗黒エネルギー）であるとされた。

「ビッグバン理論」から導き出された宇宙全体の膨張速度は、今も速度を上げ加速しているとされたが、時空は重力によって収縮している以上、膨張速度は徐々にだが確実に減速していくはずである。

なのに、加速を続けている矛盾を相殺する解決策がダークエネルギーという、存在しても観測できないＳＦ的想定なのである。

ダークエネルギーとは時空を押し広げる〝負の圧力〟つまり仮説上の「斥力《せきりょく》」を持ち、

これが宇宙を膨張させ続けているというのが現在の宇宙論だ。しかし、これはルメートルが思いついた信仰的ビッグバンを証明するための後づけに過ぎない。

宇宙は膨張していない証拠が明らかに

このアカデミズムの常識が覆される可能性が登場したのは２０１５年のことだった。イギリスの「オックスフォード大学」の物理学者スビール・サルカルと、デンマークの「ニールス・ボーア研究所」の研究者らが共同して宇宙が加速膨張していない証拠を突き止めたのだ。

彼らはスーパーコンピュータを駆使し、約７４０の「Ia型超新星」のデータを精査し、ガスと塵による影響も考慮した結果、「加速膨張の根拠はない」とする結論に至った。

その論文が科学誌「Scientific Report」に掲載されるや、たちまち旧体制維持の天文学界から猛反発が起きたが、２０１９年10月18日、今度は別の科学誌「Astronomy & Astrophysics」に掲載が許可され、もはや「加速膨張」の根拠がないことが世界中に知れわたった。

サルカルらは、超新星の赤方偏移データにも間違いがあることを見つけ、そのデータを元に地球の静止座標系から宇宙背景放射に変換された結果、地球の局所的動きが排除され、

「宇宙の加速膨張」という間違った結果が導き出されたとする。

念のためサルカルらが、赤方偏移データをオリジナルデータに再変換して計算した結果、やはり加速膨張の根拠は見つからなかった!!

サルカルはこう結論づける。

「超新星をわずかな穴から見れば、宇宙が加速膨張しているように見えても、それは局所的な現象に過ぎず、宇宙全体の活動とは何の関係もない」

つまり宇宙に加速膨張はなく、過去のノーベル賞受賞者の3人の科学者は、地球上の局所的な動きを「宇宙の加速膨張」と勘違いしたことになる。

土星が水に浮くのもプラズマのせい？

1932年にノーベル化学賞を獲得したアメリカの物理学者アーヴィング・ラングミューアは、大気中放電の実験を行った際、中央部に粒子群の振動が起こる現象を発見した。これが、生物の「原形質／protoplasm」内で起きる粒子運動と酷似するため、「プラズマ振動」と名付けられ、このような振動を起こす媒質を「プラズマ」と名付けた。

「プラズマ」とは原子の第4形態のことで、個体、液体、気体の次に来る形態をいい、ザックリいえば原子核と電子がバラバラの状態である。

物質の基本となる原子や分子には固有の振動数があり、その分子の振動が停止する絶対零度から摂氏数百万度、それどころか一気に摂氏数億度にまで物質の温度を高め、この高運動エネルギーによって分子が電離する状態をいう。

そんな状態など想像できないし、見たこともないという人は、最近ではどの家にもある家電製品の「電子レンジ」がその仕組みと知る必要がある。

「電子レンジ」はマイクロウェーブ（電磁波）を照射することで、肉や野菜に含まれる水分子を激しく振動させて暖める調理器具である。同じ仕組みで電磁波が無数に飛び交う宇宙空間ではプラズマ状態が当たり前で、地球では雷、球電（球状の雷）、オーロラ以外のプラズマ現象は稀でも、宇宙の物質の99・999999999999999……パーセントはプラズマ状態にあるというのが常識である。

プラズマによって物質の原子変換が可能

ラングミューアが、プラズマが物質の固有振動（粒子運動）に影響を与えるのを発見したことから、現在では、プラズマによって物質を原子変換させることも可能になっている。

「ベトナム戦争」で400万人のベトナム人を曝露させた「枯葉剤」だが、それを開発したアメリカの「モンサント社（バイエル社に買収される）」の史上最悪の猛毒「ダイオキシン」でさえ、プラズマ照射によって無害な物質に変換できることが確かめられている。

2024年、「東京科学大学」では、プラズマによって水素原子を生成させ、触媒反応に作用させることで、二酸化炭素（CO_2）をメタン（CH_4）に転換することに成功した。また「東京工業大学」では、宝石と指輪金属をプラズマ風による原子変換で結合部分を一体化、無機物を完全結合させることに成功し、次は有機物と無機物結合の段階に入ったとされる。

つまり、ラングミューアが、大気放電の際、プラズマによる影響を受けた生物の細胞内の原形質で見られる粒子の動き（振動数）と、電気的粒子運動（振動数）が同じになることを見つけたという事実が、後の「プラズマ学」の発展につながったのである。

すべての原子は固有の共鳴周波数を持っており、分子は二つ以上の原子が結合してできるため、その構成原子の質量と結合強度によって固有の振動数を持つことになる。雷などの大気放電が、生物細胞内の粒子と共鳴現象を起こすのを発見したことは、たとえ極論ではあっても、プラズマによる物質変換の可能性を見つけたということになるのだ。

プラズマは生命体!?

「早稲田大学」で「大気プラズマ学」の権威だった大槻義彦名誉教授は、マイクロウェーブ（電磁波）を交差させたポイントにプラズマが発生する現象を実験で確認。一方、アメリカの「国立ロスアラモス研究所」は、そのプラズマが、交差ポイントのズレによって器の中から生物のように這い出し、電源を落とすと同時に消滅する現象を確認。その実験フィルムを公開した。

これをどう解釈するかで「生物学」は大騒ぎとなった。プラズマには骨や肉もなければ神経も脳もないものの、動く以上は〝動物〟ともいえ、電磁波を吸収して存在する以上は〝生物〟ともいえるが、従来の「生物学」の範疇に入らない。

そこで考え出されたのが「プラズマ生命体」という解釈で、1978年に「ピューリッツァー賞」を受賞した天文学者カール・セーガンが唱えたように、太陽のプラズマの海に、肉体を持たない電気エネルギー体（プラズマ生命体）が存在するなら、地球内部で太陽のように磁力線のリコネクション（繋ぎ変え）で燃えている核（コア）に、プラズマ生命体がいてもおかしくないことになる。

地球の磁力線に沿ったプラズマ・トンネル

地球は磁場によって覆われ、磁場は南極側から噴出した後、地球を一周して北極側に潜り込む。だからコンパスのN極は北を指すわけで、言い変えれば北極側の磁極はS極となる。地球を取り巻く磁力線は、地球をドーナツ状に覆う「バンアレン帯」を形成し、危険な太陽風の直撃から地上の生物を守るシールドの役目を果たしている。

太陽の表面活動が活発な時期、地球の両極上空にオーロラ現象が現れるが、それは両極にできた光り輝く帯状の光学現象の輪（リンク）で、その内側はまるで巨大な穴である。その穴こそ磁力線の噴出孔（南極側）であり、潜り込み孔（北極側）なのだが、磁力線は北極から潜り込み、そのまま地球の中心部に向かっていく。その意味では、両極にできる磁力線の出入口は、天文学的規模の「プラズマ・トンネル」といえる。

地磁気は電磁気つまり電磁波であるため、太陽風がバンアレン帯（地球をドーナツ状に覆う磁力線）の南北の穴から潜り込む結果、地球の電磁気と衝突して、リコネクションによってプラズマが発生、それを南北両極の真上から見た場合、極地域に天使の輪のようなドーナツ状のオーロラが確認される。そのドーナツ状にできたプラズマの穴を、著者は異称で「プラズマ・ホール(plasma Hall)」と名付けている。

この両極に開いたプラズマ・ホールと、内核を結ぶトンネルを「プラズマ・トンネル」といい、磁力線は地球のコア(内核)で、交差に近いリコネクション(繋ぎ変え)をし、コアを灼熱のプラズマで覆う構造になっている。

つまり、地球の内部は太陽表面と似た状態で、そこに結晶や岩石層を

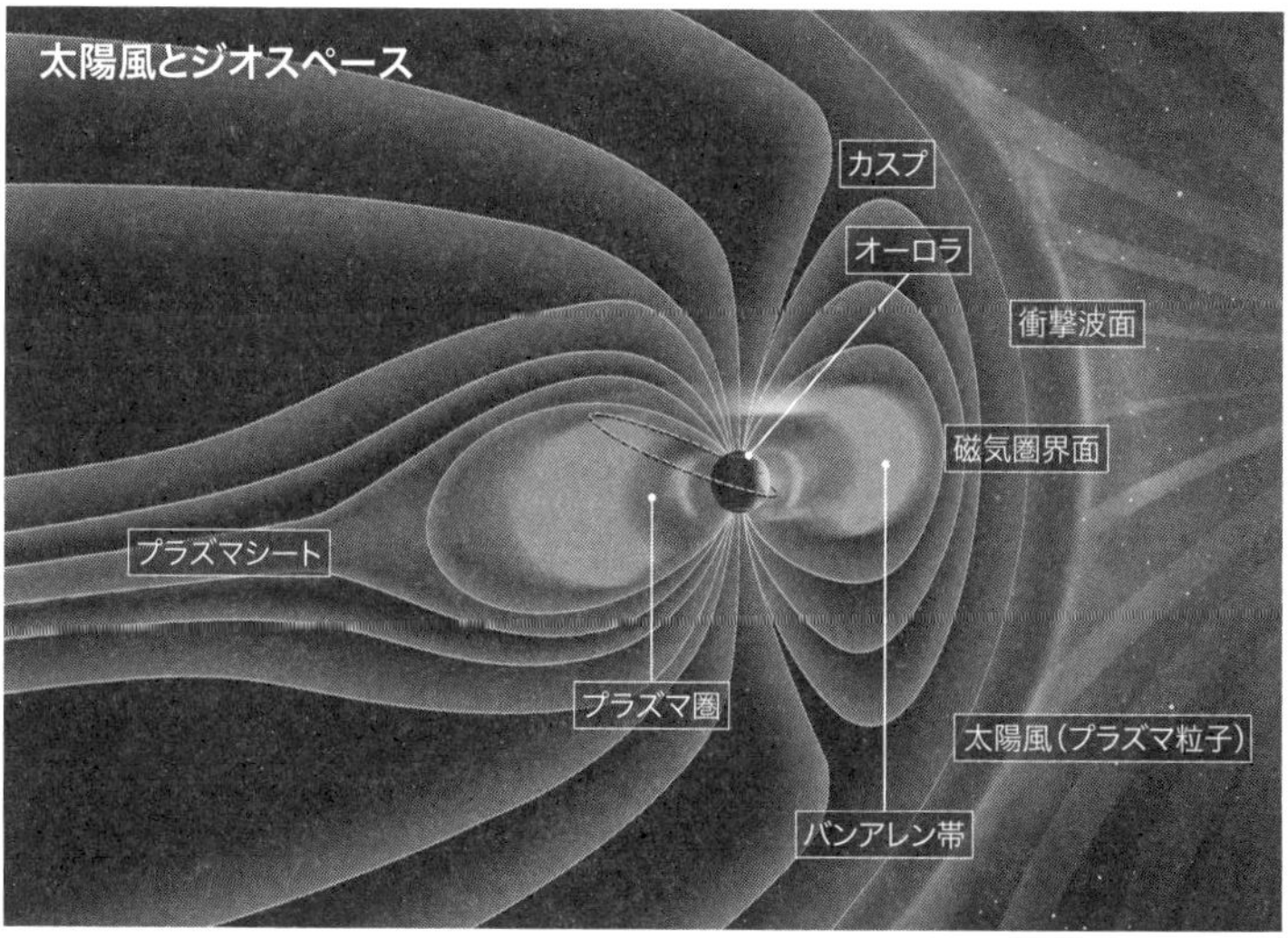

地球の周囲には、高エネルギー電子がドーナツ状に集まったバンアレン帯があり、太陽風から地球を守っている。ISASのHPより。©ISAS/JAXA

透過するプラズマ生命体がいないとは誰も断言できない。プラズマ生命体は、プラズマ特有の物質を幽霊のように通り抜ける「透過」ができるため、たとえ超高圧岩石層の中でも自ら物質と同時存在できる亜空間（異次元）を創って生存できるからだ。

プラズマは重力をコントロールできる

極論すれば、「ビッグバン理論」の要といえる重力でさえ、「プラズマ宇宙論」ではプラズマが生み出す現象となる。「早稲田大学」の大槻義彦名誉教授が専門とする「大気プラズマ学」では、ガンマー線であれマイクロウェーブ（電磁波）であれ、宇宙線が交差したポイントにプラズマが発生し、そこに石でできたマリア像があれば、プラズマが包み込んだマリア像は、交差ポイントがずれた方向へ一緒に浮遊する。これが「ポルターガイスト（騒霊）現象」で、ある意味でプラズマが重力をコントロールできる証拠となる。

だから巨大地殻天体である土星が水に浮くほど比重が小さくなるのも、土星の強力な磁力線（地磁気）が生み出すプラズマ現象によるもので、土星がひしゃげて見えるのは、自転周期10・6時間（赤道付近の自転速度9・8キロ／秒）によって巨大な海洋が外に張り出しているからで、その材料は土星を覆う氷の輪を見れば一目瞭然であり、それらが時間経過と共に土星に落下すればさらに水量が増えることになる。

地磁気の弱小化が起き始めた!!

今、地球の地磁気が減少している。

太陽風が活発な時、地球の太陽側の磁気圏は押しつぶされ、その分だけ反対側に長いプラズマの尾を引く。地球を覆う磁場といっても世界中同じレベルではなく、なぜか濃淡が存在するのだが、その原因はまだわかっていない。

最近、この磁場にとてつもない異変が現れていることが確認された。南米ブラジル沖数百キロ付近に広がる大西洋上に、巨大な無シールドの大穴が見つかったのだ。そこはバンアレン帯が存在しないに等しい大穴で、実際、バンアレン帯に幾つも大穴が開いている。

恐るべきは、その大穴が間違いなく拡張していることで、もうすぐブラジルの陸地に到達するとされる。

これは、典型的な磁極消滅の予兆とされるが、その磁極自体にも異変が起きており、最近になって磁極移動が加速されてきたのだ。

以前から磁極は多少動くことはわかっていたが、その規模が桁違いになっている。そんな最中、妙な報告が世界中の観測所から入ってきた。地球の中心部から異常なエネルギーが噴出しているというのだ。

地球のコアから強力なエネルギーが放出

2011年11月15日、ロンドンに本部がある「GNFE／国際地球動力モニタリングシステム」が、地球の内核（コア）から放出される強力なエネルギーを記録した。モニタリングシステムの中心である「アトロパテネの観測ステーション」から遠く離れているにも関わらず、以下の場所で激しい三次元重力の異常が記録された。イスタンブール（トルコ）、キーウ（ウクライナ）、バクー（アゼルバイジャン）、イスラマバード（パキスタン）、ジョクジャカルタ（インドネシア）である。

GNFEのエルチン・カリロフ教授によると、強力なエネルギー放出現象は、明らかに地球のコアから発散する異常エネルギーだという。今回の異常現象は、地殻的にダイナミックな変動のプロセスが起きていることを示唆している可能性があり、結果的に巨大地震や火山噴火、津波の増大を告げるかもしれないというのだ。

また、世界中で原因もわからぬ大轟音が突如としてとどろく怪現象が起きている。最近の不可解な轟音現象を調査する「Geochange Journal」は、「地球の中心部（コア）から強力なエネルギーが放出されていることが記録された」と報道した。

それに呼応するかのように、ロシアからとんでもない情報がもたらされた。内核が徐々に北に向かって移動しているというのだ。それが事実なら、最近の巨人地震の増加や、磁極の急激な移動、地磁気の減少、怪音現象等の謎が見えてくるという。

地球のコアが停止している!

地磁気を生み出すのは、地球の中心の「核（コマ）」の回転による「ダイナモ効果」とされる。

地球や太陽などの天体が内部の流体運動によって大規模な磁場を生成し、なおかつ維持する働きを「ダイナモ効果」、「ダイナモ作用」と呼ぶ。天体の磁場は、大規模な電流によって支えられているという意味で、天体の一つ一つが電磁石であると考えられている。

電流が電磁石を作るという意味では、磁場は発電機（ダイナモ）のように生成・維持されている。「ダイナモ理論」を簡単に説明するには、自転車のフロントホークについている発電機を思い浮かべてもらうとわかりやすい。コイルに向かって磁石を動かすと、コイルに誘導起電力が発生して電流が流れる、電磁誘導現象に近いものをいう。

すべて発電機と同じとはいわないが、自転する天体の中で、導電性が高い流体が対流によって磁場を維持するプロセスで起動しているとし、導電性流体とは地球磁場において「内核」を包み込む「外核」にある液体の鉄とされる。

天体の「ダイナモ理論」においても、天体物理学と地球物理学におけるほぼすべてのダイナモは、磁気流体力学の「ＭＨＤ／magnetohydrodynamics（電磁流体力学）」の方程式を用い、流体が継続的に磁場を再生するかを調べている。

地球では、「内核（コア）」において、鉄やニッケルを主成分とする液体金属が自転の効果を受けながら熱対流することで電流を起こし、この電流が磁場を作っているとするため、それが縮小するということは、「内核」が止まり始めていることを意味する。

実際、「内核」が止まり始めたのが１９９９年夏頃からで、２０１２年12月で完全に停止状態にある。学者たちの間では、そのうち、逆転し始めるのではないかと考えられているが、いまだに停止中である。

勘のいい方は気づいたかもしれないが、１９９９年といえばノストラダムスの預言の「１９９９年第７の月」で、２０１２年12月といえば、歴史の終焉と開始が起きる「マヤ預言」の年になる。これは果たして偶然の一致なのだろうか？

今の科学は現行科学に過ぎないのか!!

厳格な科学データに基づき、両極の氷がすべて溶けた場合の世界地図が3D映像で公表された。

イギリスの新聞「Independent」（2015年3月2日）は、「WHO／世界気象機関」が公表した南極周辺のデータを解析した結果、今のまま地球温暖化が続いた場合、いずれ南極の氷がすべて融解することになると発表した。

その場合、世界中にどんな影響があるかといえば、海面が60メートルも上昇するという。

詳細はアメリカのビジネスニュースサイト「Business Insider」（2015年2月13日）が紹介しているが、大西洋に面する海岸線はすべて消滅し、フロリダ州のマイアミ半島は水没してアメリカの地図から姿を消してしまうという。

南アメリカはさらに大変で、広大なアマゾンのジャングル地帯は世界地図から消滅し、アルゼンチン、ブエノスアイレス、パラグアイ等は海水の下に消えてしまうという。

ヨーロッパも例外ではなく、広大なアフリカ大陸も甚大な影響を受け、オーストラリアも海岸線が内陸深く入り込み、南極大陸の周辺も沈み、ユーラシア大陸の海岸線も甚大な被害を受けるとされる。

中国は主要な上海から北京にかけて完全に消滅するようで、大きな入り江になってしまうというから驚きだ。

日本列島が消滅!?

予想に反し、日本列島は消滅せず、中国地方から近畿地方にかけてスリムになり、中部地方も海岸線が大きく入り込み、首都圏はほぼ全域東京湾になるが、日本沈没とまではいかず、窮屈になるだけのようだ。

最新科学の試算では、地球上に存在する氷山や氷原や氷河がすべて解けるには5000年かかるようだが、それはあくまでも試算であり、突発的な現象や出来事は計算に入っていない。

日本列島はプレート境界線の「引きずり込み」が計算困難で、ユーラシアプレートに乗っているので安心ではなく、新たなミニプレートが誕生する「ジャンプ」が日本列島周辺で次々と起きると、最悪の場合は日本列島全体が「マイクロプレート」の中に、プレス機に引きずり込まれるようにして消滅することもありえるという。

これは、プレートの潜り込み位置が奥にジャンプする現象で、そういう意味で日本列島はいつ何が起きてもおかしくない「世界最大のプレートの大交差点」の真上に浮かんでいる「ひょうたん島」なのだ。世界中で起きる大変動は、最初に日本列島で勃発するといっても過言ではないという。

銀河・太陽系・惑星系のすべての現象はプラズマが起こしている!!

アメリカの「ロスアラモス国立研究所」に席を置く物理学者で、「プラズマ宇宙論」を唱えるアルベーンの元にもいたアンソニー・ペレットは、プラズマによって巨大な銀河系が維持されている事実を証明してみせた人物である。

ペレットは、強力なパルス発電機を用い、プラズマが互いの磁場で引き寄せられることや、合体して渦巻き構造を形成する事実をつかんだ。プラズマの渦は、同じ方向に動く他の渦を引き寄せて成長し、長い時をかけて、巨大なフィラメントの渦を発達させていったのだ。

プラズマ・シミュレーション・プログラムを用いたペレットは、銀河の渦巻構造が、磁場を漂うプラズマ・フィラメントで再現できることを科学的に証明し、さらに銀河における回転曲線問題まで解明してみせた。

この構造は銀河ばかりか太陽系にもいえ、太陽から放出される太陽風（プラズマ）は、太陽系内のすべての惑星と衛星を強い影響下に置きながら、太陽系の彼方まで脈動するプラズマで包み込んでいる。

それだけではない、我々の太陽のプラズマの腕が、別の恒星系の太陽のプラズマの腕とつながり、さらに他の恒星系の太陽の腕ともつながり、さらなる巨大ネットワークを築いている。これがプラズマ・フィラメントである!!

全宇宙に張り巡らされたプラズマ・ネットワーク

２０１２年12月5日、ＮＡＳＡは探査機「ボイジャー1号」が太陽系の端「ヘリオポーズ」に到達したことを確認したが、その時、予想もしなかった強力な荷電粒子の大河と遭遇した。

この高エネルギーの星間磁場と太陽の磁力線が、まるでヘソの緒のようにつながり、太陽圏「ヘリオスフィア」内部にも入り込んでいる事実を確認したのである。ＮＡＳＡはこれを「磁気ハイウェイ」と名付けたが、これはプラズマ・フィラメントに他ならない。

全宇宙に張り巡らされたプラズマ・ネットワークシステムから、太陽系に強烈な高エネルギーが注ぎ込まれていることが観測されている事実は、「地球温暖化」、「地球灼熱化」と無関係ではない。

水爆の父、エドワード・テラー

エドワード・テラーは水爆の開発者で、「水爆の父」と呼ばれた核物理学者である。

1908年、テラーはブダペスト（ハンガリー）で、裕福な弁護士の父とピアニストの母の間に生まれたアシュケナジー系（白人種）ユダヤ人だった。

ミンタ・ギムナジウムの生徒だった11歳の時、ハンガリー革命と反革命騒動が勃発し、さらに後年、「第二次大戦」後のスターリンの強圧政治で家族が辛酸をなめ、生涯、共産主義とファシズムを嫌悪するようになった。

テラーは、ドイツの「カールスルーエ工科大学」で化学工学を修め、その後ミュンヘン、次いでライプチッヒのハイゼンベルグ、ゲッチンゲンのボルンに師事し、1930年、水素分子イオンに関する研究で博士号を獲得する。

この時期、テラーはロシアの物理学者ジョージ・ガモフ、レフ・ランダウ、チェコの物理学者ジョージ・プラーチェクの知己を得、さらにプラーチェクの紹介でローマのエンリコ・フェルミを訪れる機会を得て核物理の道を進むことになる。が、ある悲劇が彼を襲う。ミュンヘンで学生だった時、トロリーバスにひかれて右足を失い、義足をつける羽目に陥ったのだ。

それでもテラーはくじけなかった。科学的な才能では直感的思いつきに優れ、青年時代のテラーはあらゆる分野で型破りの発想で多くの途方もないことを考えたとされる。その一つが、原子爆弾がアイデア段階だった頃、既に水爆の発想を得て、原子爆弾を先に製造すべきと主張するオッペンハイマーと争ったのだ。

ところがその頃、一発のウランの連鎖反応が地球を覆いつくす懸念が一部の学者たちの間から広がった。一種の「地球＝太陽化現象」で、これにはテラーも不安を覚え、その懸念を払拭することができなくなり、そこで一時期ではあるが、テラーは核開発に反対する側に立ったことがあった。

オッペンハイマーたち原爆製造研究チームは、「マンハッタン計画」で史上初めてのプルトニウム型原子爆弾「トリニティ」をニューメキシコの砂漠で炸裂させたが、地球はその連鎖反応で火の玉になることはなかった。

この結果を受け、テラーは一変して核開発の先頭に立つことになる。

１９４７年、アインシュタインらを擁する「プリンストン高等研究所」の所長にオッペンハイマーが任命された時、テラーの立場は明確になる。オッペンハイマーやアインシュタインらが核兵器の国際的管理を呼びかけ、核兵器に反対するようになったのに呼応し、テラーは先頭に立って反核運動を叩き潰したのである。

後年、核戦争による「核の冬」が地球を覆う可能性が示唆された際、そのようなことは絶対に起きないと断言してマスコミを鎮静化させた。

その後、テラーは「SDI／Strategic Defense Initiative（戦略防衛構想）」をレーガン政権下で提案し、大量殺戮兵器の開発に邁進していく。

マッド・サイエンティスト、ニコラ・テスラ

ここで問題にしたいのは、元々大量殺戮兵器に並々ならぬ関心を示してきたテラーが、一時の気の迷いとはいえ、核兵器の炸裂でウランの連鎖反応が止まらず、一気に地球が核の炎で焼き尽くされると信じた理由が何だったのかということだ。

よほどのことがない限り、テラーをもって反対の側に回らせることは不可能である。

実はテラーにそんなインパクトを与えたのは、エジソンを打ち破った男、ニコラ・テスラだった!!

テスラといえば、「交流電流の父」として知られ、アメリカ全土の電線網を「交流電流」

にするか、エジソンが主張する「直流電流」にするかが争われた際、結果としてテスラがエジソンを破ることになる。

クロアチア生まれのセルビア人科学者、ニコラ・テスラには、デンという天才的な兄がいた。デンは科学者への道を進みたいとテスラにもらしていたが、不慮の事故により12歳で死んだ。

7歳だったテスラは、兄がなし遂げられなかった科学者への道を歩む決心をし、1881年、グラーツのポリテクニック・スクールを卒業した。その後、ブダペストの国営電信局に勤務し、パリの「コンチネンタル・エンジン社」に勤めながら、世界初の交流モーターの原理を思いつく。

テスラは28歳でアメリカに渡り、エジソンの下で働いていたが、全米の家庭に電気を配線するシステムでエジソンと対立、エジソンの元を離れることになる。全米に流す電流をエジソンは直流と主張したが、テスラは交流が効率的で安全として引き下がらなかったのである。

テスラは交流の安全性を証明するため、自らの体に高電圧を貫流させ、針金を溶かしたり電灯を点灯させたりする実験を行った。

こうして肉体にショックを与えるのは高電圧ではなく、高電流であることを証明した結果、多相交流モーターの発明者だったテスラの交流電気が選ばれ、世界初の交流電気を使用した「ナイアガラ瀑布電力会社」が設立される。

これらの実験によりテスラのイメージはマッド・サイエンティストとして定着する。しかし、その前に既にその兆候はあった。

テスラの地震発生装置実験

1889年、テスラは巨大な「地震発生装置」を研究し、その実験を行った。実験開始の日の朝、テスラの研究所に近い警察本部では大変な事態が発生する。

警官たちがつめている警察署内で、急に不気味な地鳴りがしたかと思うと、床や壁が細かく振動し始め、その程度が時と共にますます強くなっていった。机の上の鉛筆や消しゴムが床に落ち、椅子が勝手に移動したかと思うと、警察署の大きな窓ガラスが音を立てて割れ、天井から吊るされた電球が激しく揺れ、漆喰が弾けてバラバラと落ちて床一面に広がった。とんでもない地震が発生したのだ。

警官たちはテスラの研究所目がけて駆け出したという。テスラは以前、ニューヨークの研究所を人工地震実験の最中に焼失させていたため、警察は以前からテスラの行動を監視していたのだ。

研究所に飛び込んだ警官たちは、機械装置を前に悪戦苦闘しているテスラの姿を見て、呆気にとられた。テスラの研究所内のほうが、警察署よりダメージが大きかったのだ。様々な物体が勝手に移動し、飛び回り、化け物屋敷そのものだった。まさにポルターガイスト現象が起きていたのである。

後になって、テスラはこの時の実験についてこう語っている。「理論的には自分の考案した地震発生装置を巨大化すれば、地球を二つに割ることも可能だ」。

大気全体を光らせる方法を研究

その後、テスラが手かけたのは、高さ36・5メートルもある巨大な無線送電装置による実験だった。1899年、コロラド州コロラド・スプリングスに建てた巨大鋼鉄の先の巨大銅球に、1000万ボルトの大電流が流された瞬間、3・3キロヘルツの高周波が発生し、40キロも

ラボラトリーで電流の実験をするニコラ・テスラ。

離れたところの200個の50ワット電球を点灯させた上、960キロ先まで電力を無線送信することに成功したのである。

この距離を日本に置き換えた場合、東京から函館や札幌を越え、宗谷岬《そうやみさき》の手前まで無線で電気を届けたことになる。東京から西なら、京都、大阪、広島を越え、九州の五島列島手前までの距離で、テスラのシステムなら日本中に電線なしで電気を送れる理屈になる。

これを契機に、テスラは世界中に電力を無線送信する「世界システム」を構想する。それは、地球の持つ「定常波（自然エネルギー）」を取り出し、地球上層の雲を発光させるというものだ。

それればかりか、大気全体を光らせることも考えていたという。基本的にオーロラの原理と酷似するが、テスラが考えた地球自体の持つ定常波が、イコールで磁力線ということなら、その先にあったのはオーロラ、つまりはプラズマ発光だったことになる。

希有の天才科学者だったテスラは、自分の見果てぬ発想と夢の先に、太陽構造すら解明する力を潜在的に秘めていたのかもしれない。

そして、テラーは、地球が放つ自然エネルギーをプラズマではないかと気づいた節がある。もしそうなら世界システムは太陽化であり、その発火点が核兵器と考えたのではないだろうか。

第二章
天体も生命体である

地球生命圏ガイア

ガイア理論の「地球生命圏（バイオスフィア）」を理解しなければ、地球温暖化も、地球灼熱化も理解できない。

ガイアは「ギリシア神話」に登場する地母神の名で、天地開闢《かいびゃく》の頃から存在する原初神であり、「ローマ神話」では「テルス」と呼ばれる。

ガイアの名が広く知られたのは、１９６０年代、イギリスの大気学者ジェームズ・ラブロックが、「ガイア理論」を提唱してからである。「ガイア理論」とは、地球の構成要素を総合的に見ると、それは生物が持つ「自己調節システム」と似ているとする発想から始まったとされる。

地球の気温、大気内容と容積、海洋の塩分濃度など、均衡状態を保つシステムが、生物の生命維持における調整システムと似ているとし、地球が安定的環境を維持するメカニズムと、生物の自己生存の調整機能が連動しているという予測が始まりだった。

ラブロックは、NASAで地球外大気と惑星分析を関連づける研究を行った。地球外大気を分析し、惑星の大気循環を呼吸と見立て、海流の流れを血液の循環器系に、筋肉の動きを大陸が移動するプレートテクトニクスと結びつける研究を行い、地球をすべての環境的立場から見た一つの生命システムと考えたのである。

その考えは1970年代に行われた「バイキング計画」に応用され、火星に生命が存在する場合、その生命活動は大気組成の影響下にあり、生命も火星大気に影響を及ぼすはずとした。

生命は酸素を体内に取り込み、二酸化炭素を排出するため、大気中の酸素は生命活動を左右する重要なファクターになる。つまり、気候（大気を含む）を中心とした生物活動と環境が相互に作用すると考えたのだ。しかし、火星大気は酸素どころかメタンや水素もほとんどなく、二酸化炭素が多すぎると判明する。

結果、火星の生命存在の可能性は極めて低くなり、下等な苔は存在しても高等生命体は存在しないことになる。

得意な環境下で生きる生物の発見

しかし、それは20世紀の常識で、21世紀近くになると、火星に生命活動を示すメタンガスが発見され、2005年5月には、「INAF/イタリア国立宇宙物理学研究機構」のビットリオ・フォルミサーノ博士が、火星大気にホルムアルデヒドが存在する証拠を示した。

ホルムアルデヒドはメタンの分解で作られる物質で、メタンは数百年も残るが、ホルムアルデヒドはわずか7時間半で消滅する。となると、火星では少なくとも年間250万トンものメタンが生み出される計算になり、火星に火山活動が認められないため、メタンとホルムアルデヒドの存在は、活発な生命活動が地上か地下で起きていることを示している。

一方、地球でも猛毒の硫化水素を栄養源とする深海生物が発見され、1960年代のラブロックが定めた枠は今や通用しなくなった。

それでも、ラブロックの「地球生命圏/バイオスフィア」のシステムは環境問題の重要な目安とされ、皮肉なことに、地球温暖化における二酸化炭素を排出しない「原発」推進派の思想的背景になっている。

実際、ラブロックはバリバリの原発推進者で、「原発」こそ地球温暖化を防ぐ唯一の手段と唱えてやまない。

生命を維持する機能ホメオスタシス

「ガイア理論」は、当初、「自己調整システム」と名付けられ、後に作家ウイリアム・ゴールディングの提案で「ガイア理論」へと変更された。

アカデミズムは自己調節システムをSF的産物として相手にしなかったが、1990年代に入り、イギリスの科学誌『Nature』に取り上げられると、ようやく認めるようになった。世界がエコロジーへ向かっていたからである。

そこで注目されたのが「ホメオスタシス」である。ホメオスタシスとは、生体内と外部環境の相互作用で、外的環境が変化しても、生体状態が一定に保たれるシステムを指す。そのシステムは恒常的なため「生体恒常性」ともいう。提唱したのがフランスの生理学者クロード・ベルナールで、1859年頃、生体の内部環境は組織液の循環等の要因によって外部から独立していると考え、「内部環境の固定性」として発表した。

20世紀になって、アメリカの生理学者ウォルター・B・キャノンが、その名称をギリシア語から「ホメオスタシス」と名付けた。生物の恒常性が保たれるには、環境が変化しても、体内では元に戻そうとする体内作用が働き、外的環境変化を打ち消す逆の方向性の変化を起こすのだ。

人体でホメオスタシスが働く例として、以下がある。「体温が一定に保たれる」、「血圧が保たれる」、「体内水分と体液の浸透圧が保たれる」、「傷口がふさがる」、「ウイルスなど病原微生物を排除する」等々。

次に具体的システムを例にすると、体温調節の場合、人間の平均体温は約37度で、朝夕で若干の差はあるがほぼ一定に保たれている。

ところが、夏の暑さの中や、熱い食べ物を口にしたとき、人間は汗をかいて、気化熱で体温を下げようとする。逆に、冬の寒い中や、冷たいかき氷を食べたとき、人間はぶるぶると体を震わせ、筋肉の摩擦によって発熱し、体温を上げようとする。

同様の外部環境変化に対応する生体反応の安定性は、血圧調整、体液浸透圧とpH調整、傷の修復、病原微生物排除等の際にも見られる。これらホメオスタシスの制御を行うのは、「自律神経系」、「内分泌系（ホルモン分泌）」、「免疫系」であり、これが逆作用に働くのが、急激なダイエットで起こる「リバウンド」だ。

急速に食事制限を行うと、少ないエネルギーで体を一定に保とうとするホメオスタシスが働き、生命維持に必要なエネルギー消費量を減少させる。食事制限にこの機能が働くと、食事を少なくしているにも関わらず、体重が減らない状態になる。

一種の省エネ状態である。そこへ食事制限を中断すると、増えた分のカロリーは体に蓄えられ、ダイエット以前か、それ以上に太る事態を招くのである。が、これらは所詮、無機的反応、非生命的システムが生態と酷似しているに過ぎない。

しかし、そう見ていない巨大組織が存在する。アメリカのＮＡＳＡである。それも、表向きのＮＡＳＡではない裏ＮＡＳＡで、本部は「エリア51」に存在した!!

地球や金星は木星から生まれた!?

ＮＡＳＡのトップでもペンタゴンと関わる一部にしか知られていない裏ＮＡＳＡは、「ガイア理論」を単なるシステムとは見ていない。ある意味、ラブロックを超えた視点で「ガイア」を観察している。いや、監視といっても過言ではない。

「ガイア」をただの自己調整システムや岩の塊と考えるのではなく、超弩級生命体の視点で考え始めているのだ。たとえば人間に付着するバクテリアは、人間を生命とは理解できない。人間も、天体を生命とは理解できないだけではないのか？

宇宙に生命が満ちあふれる可能性が示唆され始めた21世紀、天体だけが生命体ではないと誰が断言できるのか？

天体が人の理解を超えた存在なら、地球は「地球生命体ガイア」となり、単なるガイア理論の枠を超える。筆者はこの超弩級天体生命体を「ハイ・コスモリアン」と名付けたが、実際、ラブロックの「ガイア理論」には一つ致命的アキレス腱があるのだ。それは、自己調整システムの最終形態といえる「増殖」が確認できないことである！

これをラブロックは「女性でも子孫を残せない年齢（幼年・高年齢）がある」とお茶を濁している。しかし、地球が仮に天体から生まれたとしたら、話は根本から変わってくる。

そこであらためて太陽系を見ると、太陽になり損ねた最大の惑星「木星」がある。ひょっとすると、木星が地球の母親かもしれず、実際、金星が木星の爆発から誕生したとする、ユダヤ系アメリカ人のイマヌエル・ヴェリコフスキーが唱えた「ヴェリコフスキー理論」が存在する。

木星はガス天体ではなく地殻天体である

ヴェリコフスキーは、約4000年前、木星の大爆発で金星が飛び出したと主張した。金星は紀元前2000年以前の古代文明の記録にはまったく登場せず、「ギリシア神話」に、木星ゼウスの頭を割って飛び出した金星アフロディティ（ヴィーナス）の物語がある。

ヴェリコフスキーは、生まれたばかりの燃え盛る灼熱の金星が、地球を含む太陽系内の惑星とニアミスを繰り返し、甚大な被害を与えながら火星を弾き飛ばして、ようやく現在の軌道に安定したとする。

その理論に傾倒したイギリスの天文学者R・A・リトルリンは、金星だけでなく、太陽系内惑星が木星の爆発で誕生したという仮説を立て、それを定量証明した。これを「リトルリン理論」という。

飛鳥昭雄の単独取材による情報では、金星が誕生した場所を木星の「大赤斑」とする。正確には、大赤斑の真下に口を開く超弩級火山「クロノス」の大噴火で噴出した灼熱マグマが、絶対零度で冷やされて球体になったとする。

にわかに信じられないだろうが、木星は今まで常識とされてきたガス天体などではなく、地殻天体だったのだ!! そして、ネバダ州に存在する極秘軍事施設「エリア51」にある裏NASAは、最新の探査方法の「電波探査」で木星が巨大地殻天体と知っており、大赤斑の下に存在する超弩級火山クロノスの存在も知っている。

木星同様、土星、天王星、海王星もガス天体ではない。これだけでも宇宙の支配者が重力ではなく、プラズマである事実が判明する。

最新の「プラズマ宇宙理論」の発展系から、プラズマが重力をコントロールすることも

木星の超弩級火山「クロノス」の全景。金星はここから生まれた!?

判明しており、比重の関係で土星が水に浮くのも、プラズマが持つ特性（重力をコントロールする）に騙されているに過ぎないことになる。

このように見てくると、地球の生みの母は木星であってもおかしくはなく、木星は大勢の子を出産した母親となる。これでラブロックのガイア理論最大のアキレス腱はなくなり、我々人類を含むすべての生命体を養う「ガイア」は、まさに地球の「地母神ガイア」となるのだ。

これを妄想やＳＦと思った方のために、最新情報と最先端科学を次に示そう!!

「ガイア理論」は地球の近未来を予測する!!

１９８９年10月、スペースシャトル「アトランティス」の貨物室から打出された「ガリレオ探査機」は、１９９５年12月、木星に到着した。さらに、「ガリレオ探査機」から切り離された「大気探査装置／エントリー・プローブ」は、無事に切り離されて木星に突入し、木星の様子を詳細に伝えてきた。

「プローブ」は、木星大気の平面から８・５度の傾斜角、秒速47・４キロの速度で木星大気に突入したが、この速度はライフルの弾の50倍の速さである。大気進入後２分以内にパラシュートが開き、「プローブ」は秒速０・５キロまで減速した。

「プローブ」の衝撃波層の温度は太陽の表面の約２・５倍（摂氏1万５０００度）に達し、熱シールドの約３分の２が降下中の摩擦熱で溶けてしまった。これはいかに木星の大気密度が高いかを示す貴重なデータである。

木星の主要な構成物質である水素とヘリウムの量について、興味深いデータが得られた。

1979年の「ボイジャー1号」が木星に接近通過した際にはヘリウムは18パーセントと測定されたが、「プローブ」の観測データでは24パーセントであった。遠隔測定は当てにならず、ダイレクトに大気測定することの優位性が明確に証明されたことになる。

それにしても異様なのは、水素に対する炭素と硫黄の存在比が、太陽より約2〜3係数も大きかったことだ。どうして木星に、火山活動を示す硫黄が大量にあるのだろうか？

NASAの発表には矛盾がある⁉

妙なのは、NASAはいまだに木星の窒素の存在比を公開しないことだ。窒素は生物、特に植物にとって最も多く必要とされるもので、体内で生命活動を支えるタンパク質や核酸などの重要な生体成分の構成元素となっている。

「プローブ」は、炭素、水素および他の元素を含む有機化合物の調査も行っている。これらの有機化合物の中には、地球上の生物学的過程で重要な役割を担っているものもあるが、「プローブ」が発見した有機化合物の量は極端に少なかった。木星の有機化合物の含有量が少ないということは、生物学的過程が生じた可能性は非常に低いことを意味している。

しかし、最大の問題がある。それは酸素だ。木星では膨大な量の水素と酸素が存在する。水素と酸素が化合して水ができるから、水は、地球と同じように木星人気の構成物質であるとも考えられた。それにも関らず、NASAは「プローブ」からの情報として「木星の大気は非常に乾燥していた」と公表したのである。

だが、これは非常に妙なデータだといえる。木星の炭素や他の重い元素の存在比は、太陽に比較して高いとわかった。つまり、彗星や小惑星が木星に衝突した結果、これらの物質が大量に蓄積されたと考えられる。彗星や小惑星には水分子が含まれているから、木星には大量の水分子、いや水も存在していなければならない。

アカデミズムのガス円盤モデルでも、木星は微惑星の衝突で巨大化したはずなのではなかったのか？

NASAのデータはすべてに対して明かに矛盾していた。なぜ木星に水（そして酸素）が蓄積されなかったのかが、「プローブ」からのデータでは理解できない。

木星は本当に乾いているのか？

「ガリレオ探査機」から放たれた「プローブ」は木星の大気は非常に乾燥しているという観測結果を送ってきたが、その一方で、イギリスの「赤外線天文台」の観測によると、木星には膨大な量の水が存在するという。これでは矛盾ではないのか？

――いや矛盾しないのだ。例えば地球にもサハラ砂漠のような乾燥地帯と、赤道地帯の高温多湿地帯があるように、乾燥と多湿は天体の中では同時存在できる環境で、さらにいえば、海は陸地より桁違いに湿っている。

極端な例かもしれないが、サハラ砂漠の真横には大西洋が広がり、リビア砂漠の真横には紅海がある。もし観測機の着地の場所がわずかに狂えば、他方は水がない世界、他方は水にあふれた世界というデータを送ってくるだろう。

つまり、観測する場所によって、大気中の水分の量も違ってくる。海を観測すれば水分の量は凄まじいものになるだろう。そして海が存在する一方で、乾いた部分がある。これは地球と同じである。つまり、木星には巨大な海と巨大な大陸が存在する可能性を意味しているのだ。

裏NASAが「探査機カッシーニ」を使って木星をマッピング

木星には巨大な海と巨大な大陸が存在する可能性がある。それを再確認したのが「探査機カッシーニ」だった。1997年10月、「探査機カッシーニ」は土星に向けてフロリダ州ケープカナベラル宇宙基地から打ち上げられた。

「カッシーニ」は1999年8月、地球の重力を利用する「VVEJGA／スイングバイ」のため地球に超接近したが、一時はノストラダムスの「空から降る恐怖の大王」の正体かもしれないと騒がれた。なぜなら20億人分の致死量のプルトニウム33キロを搭載していたからで、万が一、地球に激突すれば、地球人口の3分の1が死滅していたとされる。

この「カッシーニ」には優れた観測装置が搭載されていた。「CCD／撮像カメラ」、「可視光線・赤外線マッピング分光計」、「宇宙塵分析器」、「電波・プラズマ波測定器」、「プラズマ分光計」、「紫外線撮像カメラ」、「磁力計」、「イオン・中立質量分光計」等である。また、搭載された「通信アンテナ」及び「特殊送信機」による遠隔測定によって土星やタイタンの大気を調査でき、さらに着陸機「ホイヘンス」も搭載していた。

「ホイヘンス」は、「ESA／European Space Agency（欧州宇宙機関）」が製作した円盤状の探査機で、土星の衛星「タイタン」に軟着陸することになる。

2000年12月30日、「カッシーニ」は木星の大気から972万1846キロの距離を、秒速2・2キロの猛スピードで無事にスイングバイをすませた。そのとき、木星探査機「ガリレオ」は木星軌道にあって、太陽風の影響と木星の磁気圏の観測を行っていた。

さて、「カッシーニ」にはまだ強力な観測装置が搭載されていた。それは「レーダーマッパー」というレーダー観測装置（SAC：合成開口レーダー）で、これによって金星のように厚い大気に覆われたタイタンの地表を、雲を払い除けたようにマッピングしていくことができた。

ちなみに、金星の地表は、1989年に打ち上げられた金星探査機「マゼラン」に搭載された「レーダーマッパー」によってその様子が明らかにされている。

裏NASAが木星表面の観測に成功

この機会をじっと狙っていた組織がある。裏NASAである。「カッシーニ」の目的の一つが木星とのスイングバイだったが、木星に最も接近したとき、「レーダーマッパー」を使って木星の地表をレーダー探査するのである。チャンスは超高速で通過する一度しかない。

裏NASAはNASAのプロジェクトを使い、綿密な計画を立てていた。その結果、木星の地殻を非常に近い位置でマッピングすることに成功したのである。木星の分厚い雲を貫通して地表のデータを測定した結果、巨大な皺のような大山脈がひしめいている姿が写し出されたのだ。これによって、木星が地殻天体であることが決定的となった。

さらに、木星の地磁気の圧倒的強度は、木星が地殻天体でなければ発生しないレベルのものであった。

裏NASAは木星の超弩級火山の規模も、この映像で知ることになった。木星の天体映像に映し出された超巨大火山のコードネームは「クロノス」とつけられた。

星が星を産む

「ギリシア神話」に登場するクロノスは、ウラノスとガイアの子で、ウラノスが子供たちを冥府タルタロスに押し込めたことを恨んだガイアから大鎌を与えられ、父ウラノスの性器を刈取って王位を奪った神である。同時にクロノスは「時」の神でもあるとされた。

裏ＮＡＳＡは木星の超弩級火山になぜ時を刻む神の名前をつけたのか？

クロノスは、妹レアとの間にオリンポス神のゼウス、ポセイドン、ハデス、ヘラ、ヘスティア、デメテルをもうけるが、父ウラノスが残した「子供に地位を奪われる」予言を恐れ、生まれた子供を次々と体内に飲み込んだとされる。

だが、末の子ゼウスだけは、レアが一計を案じ、ゼウスの代わりにクロノスに石を飲ませて救ったという。そしてゼウスの成長後、クロノスはガイアの薬で飲み込んだ子らを吐き出させられ、ゼウス兄弟と戦い、敗れてタルタロスに幽閉されるのである。

木星であるゼウスを呑み損ねた神クロノスが、自分の口から次々と神を吐き出すシーンは、まさにクロノスの大噴火で天体が飛び出す光景そのものである。

ここで忘れてはならないのが「リトルリン理論」である。

ある意味で天才だったヴェリコフスキーが世を去って10年、イギリスの天文学者Ｒ・Ａ・リトルリンは、天体が子供を産むとする「ヴェリコフスキー理論」を継承し、検証によって証明しようとした物理学者だった。

ユダヤ系ロシア人の精神科医イマヌエル・ヴェリコフスキーは、現実の宇宙と、世界中の古代史、神話、伝説を再解釈し、アメリカに移住後、『衝突する宇宙』（１９５０年）を発表して一大センセーションを巻き起こした人物である。

ヴェリコフスキーは、古代メソポタミアや古代バラモンに「金星」の記載が一切ないにも関わらず、紀元前2000年を境に突然「金星」の記録が出てくることや、「ローマ神話」にゼウス（木星）の頭を割ってアフロディティ（ヴィーナス：金星）が飛び出す神話があることなどから、「金星」が「木星」の爆発で放出されたと主張した。

この比較神話学を『旧約聖書』と古代文献を駆使することで矛盾なく並べ、過去の地球規模の天変地異も、「金星」や「火星」、「地球」との超接近で起きたとした。

結果、ヴェリコフスキー理論を継承したリトルリンが、内太陽系の天体である、水星、金星、地球、火星が、木星から噴出した内部物質により天体になったことを定量的に証明したのである。

木星にとって金星は子供。神話によると、ゼウスはメーテスを呑み込んだ結果、パラス・アテナを生んだとあるが、これをそのまま受け取ればこれは〝生殖行為〟と〝出産〟である。「ハイ・コスモリアン」も生殖行為で増殖する。つまり「ガイア理論」でいう自己複製である。

裏NASAとは、どのような組織か？

ここで裏NASAとはどのような組織なのか解説しておこう。

ドナルド・トランプ大統領が口癖のように言う「DS／Deep State（深層政府）」は、日本のマスコミが好んで使う「陰謀論」などではなく、例えばアメリカを支配するのは、「議会」でも「大統領」でもなく、ペンタゴンを中心とする「軍産複合体」とされ、アイゼンハワー大統領も最後の演説で「軍産複合体に注意するよう」国民に警告している。

JFKが暗殺されたのも、「軍産複合体」に逆らい「ベトナム戦争」を終わらせ、アメリカ軍の全面撤退を決めようとした矢先とされ、その「軍産複合体」を牛耳るのがアメリカ最大の財閥で軍事企業を支配するロックフェラー一族であり、実際、アメリカの中央銀行の「FRB／連邦準備制度理事会」は国営ではなく、ロックフェラーの私的組織である。

ユダヤ系最大の財閥のジェイコブ・ロスチャイルドが語ったように、ドイツ系白人種のキリスト教徒とされるロックフェラー一族はロスチャイルドの傍系で、ユダヤ系ドイツ人として新大陸に移住が難しかったため、表向きキリスト教徒になったとされている。

イギリスから独立した頃のアメリカは、移住者の優先度が決められ、最優先は清教徒とアングロ・サクソンで、旧大陸を支配したカトリック教徒、高利貸しのユダヤ人、ヨーロッパの銀行を支配したロスチャイルドは嫌われ、移住は拒否されていた。

そのためロスチャイルドが新大陸に送り込んだのがジョン・ロックフェラーで、その後、ロスチャイルドから莫大な資金援助を受けたロックフェラーは、その資金で石油を買い叩いてガソリンにすることで石油王となり、やがてウォール街の支配者にのし上がったことが、アメリカの多くの研究書から明らかになっている。

そのロックフェラーが、ロスチャイルドの命令でユダヤ系を次々とアメリカの政府機関の要職につけ、アメリカ軍、ＣＩＡ、ＮＳＡはもちろん、ペンタゴン職員にもユダヤ系を大量採用させ、気がつけば大学からＮＡＳＡまで、ユダヤ系シンジケートがアメリカを支配するようになった。

闇の地下組織、裏NASA

最近の調査で、「９・11アメリカ同時多発テロ」も、ロックフェラーの命令でユダヤ系シンジケートが計画を作成、ＣＩＡの下請けのイスラエルの諜報機関「モサド」が実行部

隊として、ユダヤ系だけで起こした国内テロだったという証拠が次々に明らかになってい
る。

この話だけでも1冊の本ができ、本筋から逸れるのでやめるが、「エリア51」にも、宇宙開発の極秘データを扱う組織があり、それをわかりやすく「裏NASA」と名付けている。

日本人のほとんどは、「NASA」を科学者や天文学者による科学的宇宙開発の独立組織と思い込んでいるが、実際はアメリカ軍トップの大統領直轄組織であり、スペースシャトルのパイロットも軍人で構成され、フロリダ沖のメリット島に専用着陸場ができるまでは、カリフォルニア州の「エドワード空軍基地」などにシャトルが着陸していた。

つまり、NASAが非公認の軍事組織である以上、機密情報や極秘データは当り前で、トランプ第一期政権時にできた「USSF／United States Space Force（アメリカ宇宙軍」との情報共有もないというほうがおかしい。

「エリア51」でそれを扱うのが「裏NASA」で、通常のNASAの職員はその存在さえ知らず、運営資金も「ペンタゴン」のブラックバジェット（闇予算）から出ている。

この裏NASAが何を企んでいるのか、本書で明らかにしていく。

恒星はプラズマ爆発するか？

「プラズマ宇宙論」を知らなければ、「地球灼熱化」、「太陽異常活動」の真相もわからないまま、金星の摂氏４６０度もの大気の96パーセントを占める炭酸ガスと、地球の炭酸ガス量がたった０・03パーセントという馬鹿げたギャップがあるにも関わらず、ＴＶが垂れ流す非科学的情報で右往左往する羽目に陥る。

さらにいうなら、「地球温暖化」は地面にへばりついているだけでは解決などできない。太陽を含む宇宙規模の俯瞰的な目で眺めなければ、何も理解できず、近視眼的視野の中に置いてけぼりとなる。

例えば、夜空に赤く輝く星を見つけると火星とわかるが、冬になると怪しく光る紅色星が目に留まるようになる。オリオン座の「ベテルギウス」である。地球から６４２光年離れた「ベテルギウス」は、私たちの太陽の１０００倍も大きい赤色超巨星で、星としての寿命に来ており、いつ大爆発してもおかしくないとされている。

今、私たちが目にしているのは642年前の姿で、実際には既に〝超新星爆発〟している可能性もあり、その爆発の光が届いた時、何百年に一度あるかないかの天体ショーが見られるという。

天文学者によると、爆発確認の数時間後には、満月のおよそ100倍の輝きを放つという、超新星爆発の光（主にガンマー線）が太陽系に届いた段階で、昼であれば太陽が二つ現れたように見え、夜ならば満月級の明るさになるとされる。

過去数百年の間で、太陽系の最も近くで発生した超新星「SN 1987A」の観測結果を参考にすると、「ベテルギウス」は爆発後、短くても3カ月間はとても強い光を発することになり、その明るさは半月と同じくらいか、最大で満月近くにまで達すると計算された。昼間に人の目で「ベテルギウス」を確認できるのは最初のおよそ1年とされ、その後数年間は、夜であれば肉眼で見えるとする。

オリオン座は日本では「鼓《つづみ》」と似た形で知られるが、その左端で輝く赤い恒星が「ベテルギウス」である。

「ガンマー線バースト」の後は、数カ月以上たって徐々に赤く暗くなり、やがては消えていくとされ、夜空には「ベテルギウス」が消失したオリオン座がいつもの位置に存在しているという。

「ベテルギウス」はオリオン座の一角を占める他に、「冬の大三角形」の一つを形成している。おおいぬ座の「シリウス」、こいぬ座の「プロキオン」、そして「ベテルギウス」はほぼ正三角形を成しているが、その一角が消滅するということは、大宇宙の三角形も消滅することになる。

減光するベテルギウス

オリオンとは「ギリシア神話」に登場する狩人の神で、右手で握った棍棒《こんぼう》を振り上げた姿で描かれ、そのオリオンと対峙するのが猛牛の「おうし座」である。

おうし座の内側には、和名で「昴《すばる》」という「プレアデス星団」があり、『旧約聖書』で北極星を除けば、オリオンと昴（プレアデス）の二つの星だけが登場する。

「すばるの鎖を引き締めオリオンの綱を緩めることがお前にできるか。時がくれば銀河を繰り出し大熊を子熊と共に導き出すことができるか。」（『旧約聖書』「ヨブ記」第38章31～32節）

『旧約聖書』にも登場するオリオン座の「ベテルギウス」は、425日周期で暗くなることがわかっていたが、２０１９年10月に大きな減光が起き、２０２０年２月に３分の１にまで落ちたため、巨大な恒星が大爆発する前に起きる〝縮小〟とされ、いよいよ「ベテルギウス」も末期症状に入ったと考えられた。

アメリカの「ビラノバ大学」の天文学教授エドワード・ガイナンは、オンライン学術誌『Astronomer's Telegram』で以下のように語っている。

「ベテルギウスは変光星で多少の減光現象はあるが、２０１９年10月から急激に暗くなり始め、12月中旬の段階で上位３位の光度から20位まで下がり、今や非常に暗いためにオリオン座の形が違って見えている」と。

変光する理由の一つは、「ベテルギウス」の姿が〝だるま型〟に変形しているからで、自転と共に姿が変わるので変光するという。

「ベテルギウス」は質量が我々の太陽の20倍もある巨星で、太陽系でいえば水星～木星近辺まで呑み込まれる規模である。アカデミズム的には、質量が大きい恒星ほど「核融合」が激しく進行して寿命が短くなり、脈動変光するほど「赤色超巨星」として不安定で、やがて「（Ⅱ型）超新星爆発」を起こすとされている。

エドワード・ガイナンは、「ベテルギウス」が一気に暗さを増したのは、６年周期と４２５日周期の最も暗いタイミングが重なったためとしている。

仮にそれが正しければ、過去25年分のデータから近いうちに暗い期間が終わり、徐々に明るくなるかもしれなず、逆にどんどん暗くなった場合は、過去のデータに基づく予測はまったくできなくなり、「超新星爆発」が起きる可能性が一気に出てくるという。

「超新星爆発」の際に放出されるガンマー線は、「ベテルギウス」の自転軸から2度以下の角度の領域に飛んで行くというが、最近の研究で、地球は「ベテルギウス」の自転軸から20度ほど外れていることが判明した。

となると「ベテルギウス」のガンマー線バーストのビームは、自転軸がぶれない限り太陽系を直撃しないとわかったものの、ガンマー線という放射線の影響は多少受けるとされている。

しかし、アンバランスな〝ダルマ型〟で高速自転する「ベテルギウス」が大爆発する寸前、バランスを崩して少しでも傾いたら最後、地球直撃もありえることになる。

地球を丸焼けにする危険な超新星爆発

太陽系から「ベテルギウス」までの距離は、他の星団に比べて比較的近いため、超新星爆発が起きたら「グラウンド・ゼロ」地点（爆発の中心点）で太陽の10億倍の明るさになる。一方で、ガンマー線バーストの前に一時的になぜ暗くなるかは、爆発する直前、瀕死の天体が自分の吐き出す天文学的な量の塵《ちり》に覆われるからとされている。

そしてある日突然、「ベテルギウス」が超新星爆発すると、自転軸の両極から照射される電磁放射線「GRB／ガンマー線バースト」の直撃が問題となる。このときのガンマー線バーストの放射エネルギーは、たった1秒で太陽の一生分の全エネルギー量を生み出すとされ、もはやその規模は人の想像を遥かに超える。仮にその直撃を避けられたとしても、地上では深夜に歩く人の影が地面にできるほど明るくなるという。

この超新星爆発には2種類あり、「スーパー・ノヴァ」と呼ばれる巨大恒星爆発でブラックホールが誕生するタイプと、二つの中性子星が連星しながら「重力波」を出し続け、最後に衝突してブラックホールができるタイプがあるとされる。

後者は、磁気を帯びた星間ガスがブラックホールの周囲に渦巻き、超高速回転して超磁場を形成するため、中心部からレーザービームのような高エネルギーのガンマー線が両極から照射する。

実はそれが最も危険で、仮に地球を直撃したら最後、摂氏数万度の超高熱で地球は火炎地獄と化す……この状態を、人の頭を打ち抜く「HS／ヘッド・ショット」と表現するらしい!!

拡散しながら直進するガンマー線の場合も、そのまま太陽系を包み込めば、地球のオゾン層はすべて吹き飛び、オゾン層が回復するまで地球は有害な太陽風の直撃を受け続け、結果的に丸焼けになる。

古代の人々が目撃した超新星爆発

最近、ネイティヴ・アメリカンが描いた1000年前のアリゾナの壁画に超新星爆発と思われる光が描かれているのが見つかった。そして、その壁画が描かれたのとほぼ同じ頃、超新星爆発によって「SN 1054／カニ星雲」が誕生していたのである。

1054年に出現したカニ星雲の光は、中国の記録『宋史』「天文志」に「客星」として記され、李氏朝鮮の仁宗《インジョン》の治世、至和元年五月己丑（1054年7月4日）にも記録され、嘉祐元年三月辛未（1056年4月5日）に見えなくなったとある。

カニ星雲の出現時は金星ぐらいの明るさで、23日間も昼間でも肉眼で見え、2年ほどは夜間も見えていたという。

日本でも藤原定家の日記『明月記』に似たくだりがあるが、年代から定家が実際に超新星を見たわけではなく、100年前の他の記録を元に記したと思われる。著者不詳の『一代要記』にも同様の記録があるが、定家の記載を含めて「彗星」の可能性のほうが高いとされる。

清少納言の『枕の草紙』に書かれた「星は昴《すばる》云々」だが、『枕の草紙』が完成したのは1001〜1003年頃で、清少納言は1025年に世を去ったため、1054年に出現したカニ星雲を知るはずがなく、単にプレアデス星団を褒めただけだろうと考えられる。

興味深いことだが、ヨーロッパではカニ星雲誕生の記録は発見されていない。ゲルマン民族の血で血を洗う戦乱のほうが、天体の異変より需要だったのかもしれない。

周期的に明るさが変化するベテルギウス

「ベテルギウス」は今までも微妙に明るさが変化する「半規則型変光星」だったことがわかっている。

1836年、「天王星」を発見したイギリスの天文学者ウィリアム・ハーシェルの息子で、同じ天文学者のジョン・ハーシェルは、変光する「ベテルギウス」を詳細に記録する学者の一人だった。

オーストラリアの先住民アボリジニは大昔から「ベテルギウス」が明るさを変えることを知っていたし、興味深いことに、近代になって「ベテルギウス」の明るさの変化に〝周期〟があることが発見された。先ほども触れたが「AAVSO／アメリカ変光星観測者協会」が「ベテルギウス」を数十年にわたって観測し、そのデータから「ベテルギウス」の明るさには一定の周期があり、多少の誤差はあっても6年周期と425日周期があるとしていた。

それを加味したとして、最近までの「ベテルギウス」はここ100年の高精度観測が始まって以来最も暗く、その次に暗かった時期が1920年代中頃だったという。

現代の天文学でも「ベテルギウス」が「半規則型変光」をする理由は完全に説明できないようだ。不可解なのは、超巨星の表面の明るい範囲と暗い範囲がまだらであることで、巨大な対流セル（胞）が膨張したり収縮したりすることで不安定に脈動し、星全体が明るくなったり暗くなったりするとしか説明できないとされた。

ベテルギウスは二連星？

ここで「プラズマ宇宙論」に関わるかもしれない一つの仮説がある。そもそも太陽の数百倍という恒星自体が尋常ではなく、太陽系が円盤形に表示されることも間違いで、本来の太陽系は球体で表現されるべきものというものだ。

どういうことかというと、太陽系とは「太陽プラズマ圏」のことで、太陽の地震ともいえる「5分振動」でプラズマ圏内が脈拍する球体構造が真の太陽系の姿であり、地球を含む太陽系内の惑星や星のすべてが、太陽風のプラズマ圏に取り込まれているということだ。

言い換えれば、太陽そのものがプラズマの雲に覆われた天体で、その太陽表面の活動が活発化すれば、それまで希薄だった太陽風の密度が高くなり、プラズマの規模が太陽系の端の「オールトの雲」にまで及ぶということである。

するとどうなるか。数百光年先から観測する我々の太陽系（太陽プラズマ圏内）は、その端まで球体のプラズマ圏内規模とされ、実際の太陽の数百倍規模の質量を持つ超弩級恒星として観測されるということになる。質量が超弩級になるのはプラズマが質量を生み出し支配するからで、その逆が巨大地殻天体の「土星」の質量が、水に浮くほど軽く見せている現象である。

その太陽プラズマ圏内を想定した場合、「プレアデス」、「ベテルギウス」のプラズマ圏内の惑星はどうなっているかだが、多くの惑星や衛星は各々プラズマで自分をシールドしているはずで、最新の観測でベテルギウスの瘤《こぶ》のように見えるのは、宇宙に多い大小二つの恒星の「二連星」の可能性があり、互いにプラズマ圏内を巨大化している可能性があるからだという。

もちろん、「臨界点」を超えた段階で一気にバランスを崩し、小さいほうの恒星が巨大なほうの恒星の超重力に捕らえられ、その「潮汐力《ちょうせきりょく》」で破壊する可能性があり、その場合はすぐに超新星爆発を起こす可能性はないと思われる。

が、いずれ恒星は木っ端微塵に消え失せる運命にあり、最終的に次の星の材料を生み出すのである。

「ベテルギウス」の超新星爆発は150万年先?

「ハーバード・スミソニアン天体物理学センター」のアンドリア・デュプリの研究チームは、2022年、「HST/Hubble Space Telescope(ハッブル宇宙 望遠鏡)」がダルマ型の「ベテルギウス」の光球で大規模質量放出を観測、研究チームはこの現象を「SME/Surface Mass Ejection(表面質量放出)」と呼び、地球の月数個分の質量が光球から失われ、表面温度が低下したと報告した。

「ベテルギウス」の質量は太陽の16・5~19倍で、直径は太陽の約750倍と推定されており、この観測結果によると、太陽の「CME/Coronal Mass Ejection(コロナ質量放出)」の4000億倍規模の質量が放出されたことになる。恒星表面からこれほど大量の物質が宇宙空間に吹き飛ばされる様子は観測されたことがないとし、「ベテルギウス」のSMEは太陽のCMEと明らかに違うとした。

「ハッブル宇宙 望遠鏡」などが観測した「スペクトル(電磁波の波長ごとの強さ)」は、「ベテルギウス」の外層がダルマ型から元に戻っているとするが、なおも表面は振動している可能性があるとする。

「ベテルギウス」が現在、進化のどの段階にあるのかを調べている「オーストラリア国立大学」と「東京大学」等の研究チームによると、「ベテルギウス」のガンマー線バースト（超新星爆発）は10万年以上後のことに変更されたという。

ところが、２０２２年9月5日、ドイツの「イェーナ大学」等の研究チームは、現存する歴史資料を元に過去の地球における「ベテルギウス」が放つ色を解析した結果、２０００年前の古代中国の資料に、「シリウスは白、アンタレスは赤、ベテルギウスは黄色」とあり、現在は「アンタレス」とほぼ同色の「ベテルギウス」が、異なる色で記されている点に着目、ほぼ同時期の古代ローマの資料にも「ベテルギウスは黄橙色」と表記されていることから、２０００年ほど前の「ベテルギウス」は、現在よりも黄色に近い色だったと確信できるとした。

その約１５００年後の16世紀、デンマークの天文学者が、「（橙色の）アルデバランよりさらに赤い」と表記していることから、「ベテルギウス」の赤色への変色データが判明。これを恒星進化モデルに当てはめて分析した結果、「ベテルギウス」の質量が太陽の14倍なら、現在、「ベテルギウス」は１４００万歳となり、超新星爆発で・生を終えるまで１５０万年も残っていると推定された。

覆る太陽系創造の常識

今のアカデミズムはガイア理論にさえ批判的で、「超生命体（ハイ・コスモリアン）」以前の「超知覚知性体」の門口で躓《つまず》いている始末である。

前述した「ガイア理論」のアキレス腱である「自己複製」の一点だけで攻撃する低次元さが、半歩先の近未来科学の目を曇らせている。「地球生命圏（バイオスフィア）」と「ホメオスタシス」は、ガイアの自己複製がなければ完成しないことが見えないのだ。

ところが、もし太陽から木星が誕生し、その木星から地球や金星が誕生したなら、「ハイ・コスモリアン」は究極の自己複製で出産をすることになる。

が、そうなればなったで、学者たちは、今度はただの岩の塊が生命体かと食ってかかるだろう。

ガス円盤モデルでは天体は誕生しない

実際、アカデミズムが唱える太陽系誕生の常識は「ガス円盤モデル」だからだ。円盤モデルは、塵やガスが集まり、巨大で高密化した領域が回転し、やがて巨大な円盤を形勢するという仮説だが、ガス円盤は徐々に重力を支えきれなくなり、収縮を開始し、その中心が超高熱化して恒星が形成されるようになるという。

次に、太陽の周囲に直径10キロほどの微惑星が固まり始めると、無数の衝突で徐々に巨大な惑星を形成していくというのだが、この理論の致命的欠点は、恒星形成時の段階で、周囲のガスのあらかたが巨大な恒星の引力で吸い込まれてしまうことである。

となると、地球や火星などの内惑星どころか、木星や土星などの巨人外惑星は形成されず、さらに、ガスが固まって物質化（鉱物化）することなど科学的にありえないというのが常識だ。ガスが固体化することは、炭酸ガスが冷えて固まったドライアイス以外はありえない。ガス円盤モデルは、小惑星であれ微惑星であれ、科学的証明がまったく無視された仮説にもならない空論なのだ。

現時点でさえ、膨大な宇宙空間のどこにもガス円盤など発見できないのはそのためで、つまり、アカデミズムが必死にしがみつく空論は、現実の宇宙空間ではまったくありえないのである。

これを塵（粒子）に置き換えても同じで、奇跡的に微惑星が集積して太陽系が形成されたとしても、アカデミズムが唱える「ガス円盤モデル」では絶対に天体が誕生しない。そもそも微惑星ができあがった段階で、前述と同じ螺旋軌道を描きながら中心の太陽目がけて落下していくからである。

ガス円盤モデルは矛盾だらけ

それに対抗してアカデミズムは、ガスが原始太陽の周囲を回転することによる「遠心力」の存在と、ガスそのものが持つ「ガス圧」により、原始太陽に引き込まれないと抵抗するが、ガス圧の存在が遠心力で支えられている運動速度を遅くする。つまり、均衡が崩れて、前述よりもなし崩し的に原始太陽に落ちて行く理屈になる。

さらに、塵が含まれている場合、固体や粒子はガス圧により方向性が変わったり、ガスの運動速度が固体粒子の速度より遅くなるため、計算上、時速５０００キロの向かい風を受け、急激に速度を落とすことになる。これによってもバランスが崩れて原始太陽に向けてさらに落下してしまう。

仮に科学的にありえない奇跡が起き、微惑星が太陽に落ちなかったとしても、太陽から離れれば離れるほど、微惑星の速度は内側より遅くなるのは物理学的常識の範囲である。実際、太陽に最も近い水星の公転周期は87・97日、金星は224・70日、地球は365・26日、火星は686・98日、木星は11・86年、土星は29・46年、天王星は84・02年、海王星は164・77年、冥王星は247・80年で、太陽から離れるほど公転速度は遅くなる。

逆に微惑星の分布は、太陽の引力の関係で中心近くほど密度が高くなり、遠方ほど希薄になるため、遠方では微惑星集積の前提となる衝突が滅多に起きなくなる。

ということは、太陽系の外領域に存在する木星、土星、天王星、海王星など巨大惑星が、たとえアカデミズムがいうようなガス惑星だとしても、巨大化するほど微惑星が存在しないのである。

これまた、ありえない奇跡が起きて惑星が誕生したとしても、月程度の天体が数千個も散在して浮かぶ異常な太陽系が形成される。外領域に生まれた一つの核が巨大天体を形成できるほどのガスや粒子を集積できないからだ。

太陽系創造は謎のまま

そこでアカデミズムは苦しまぎれに、ガスと塵の量が外領域に巨大惑星を形成できるほど濃かったと言い始めたが、ガスや塵から微惑星は誕生できないし、誕生してもあらかたが原始太陽に吸い込まれるという結果は何ら変わらない。

　おまけに、それなら木星規模の巨大天体が、太陽系の内領域にも誕生していなければおかしな理屈になり、自らの首を締める結果になっている。

　そしてアカデミズムは、ガスや塵から微惑星ができるプロセスは黙殺し、微惑星ありきからコンピュータシュミレーションを行うという無謀なマネをやってのける。

「カーネギー研究所」の天文学者ジョージ・ウェザリルは、微惑星が次々と衝突して集積していくプロセスを証明したが、ガスや塵が太陽に吸い込まれるプロセスは無視され、巨大な惑星が外領域に誕生しないというアキレス腱も、それで変わることはない。

　ついにアメリカの物理数学者H・N・ルーセルは、ガス円盤モデルによる惑星の形成は物理学上ありえないと結論づける。ガスがたとえ濃くても、惑星になる部分のガスが、周

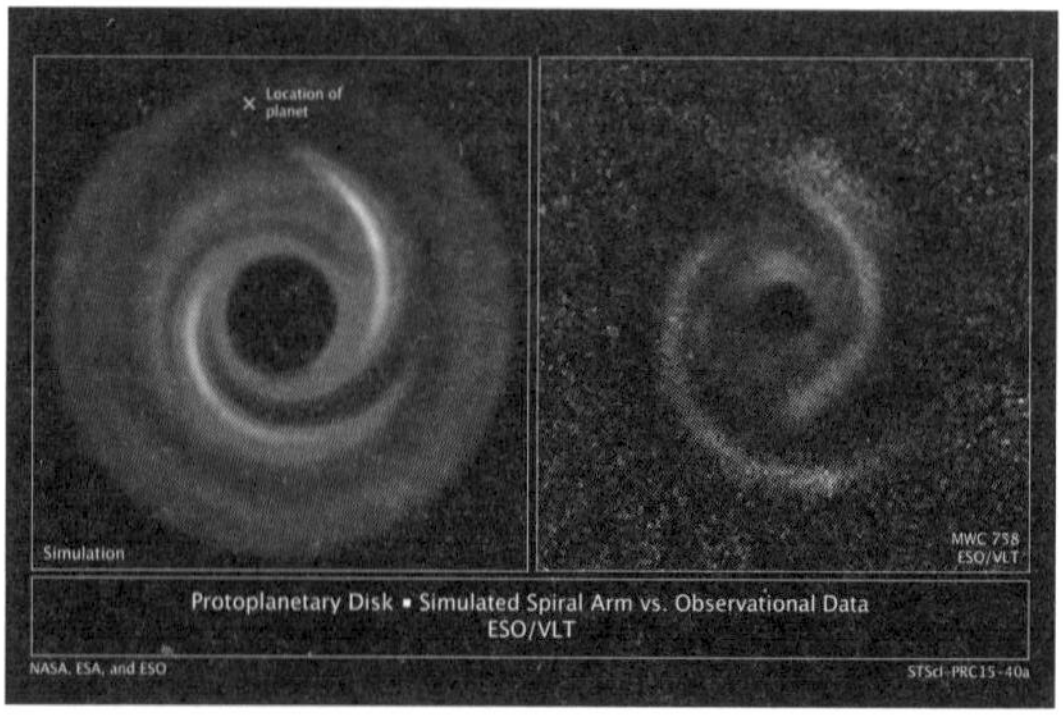

シミュレーションによるガス円盤モデルの渦巻き（左）と観測データ（右）。©NASA, ESA, ESO

囲のガスから分離されることはないというのだ。

つまり、ガスが圧縮されて縮む時、一部分を周囲に取り残すことは物理的にありえないということで、太陽が惑星になる分のガスまですべて奪ってしまう計算になるのである。

1990年まで、円盤モデルは推測の域を出ずとも無知な人々を欺き通せた。しかし、多くの新発見が、円盤モデルは成り立たないという結果を出したのである。つまり人類の常識だった「太陽系創造理論」は完全に振り出しに戻ったのだ。

第三章 環境ビジネスの不都合な真実

グレタ・トゥーンベリはジャンヌ・ダルクだったか？

２０１９年9月23日、スウェーデンの16歳の少女グレタ・トゥーンベリが、ＮＹの「国連気象行動サミット」で世界１５０カ国の首脳の前で話すシーンが世界中に流れたことを覚えておられるだろう。グレタは若者の代表として、約5分にわたって気候変動の危機について怒りのスピーチを行い、「失敗したら我々は許さない!!」と、参加した世界各国の指導者に向かって怒りを露わにした。

それを受けたアントニオ・グテレス国連事務総長は、「77カ国が２０５０年までに温暖化ガスの排出を実質ゼロにすることを約束した」と締めくくった。

「ＦＦＦ／Fridays For Future（未来のための金曜日）」という、世界の若者たちが「地球温暖化対策」を世界中の国々の指導者へ訴える運動がある。この運動が始まったきっかけは、当時15歳だったグレタ・トゥーンベリがスウェーデンの国会前で座り込みをしたことであった。

グレタの始めたＦＦＦがなぜ金曜日かというと、毎週金曜日に学校を休んで国会前でストライキをしたからとされる。この運動が馬鹿にできないのは、ＮＹ市の全公立学校が、生徒が抗議運動に参加するために休むことを認め、オーストラリアのある州は、同じ目的で公務員の休日を許可、世界中の２０００以上の企業が従業員の休みを認め、地球温暖化阻止運動への参加を推し進めたからである。

グレタは２０１９年9月18日、「アメリカ下院委員会」の公聴会で、温暖化対策について、「私の証言として、この報告書を提出します。私の言葉じゃなくて、科学者の声に耳を傾けてください。科学のもとに皆が一致し、行動してほしい」と訴えた。

最も重要なのは、これらに先立つ9月16日、グレタはバラク・オバマ（前）大統領と面会していたことで、オバマはその席上で「その年齢で世界に激震を起こしている!!」と最大級の誉め言葉を贈ったが、権力者の言葉は往々にして隠れた目的が含まれることが多い。

グレタは満面の笑みで「若者たちは皆、非常に熱心です。どんな小さな個人でも世界の方向を激変させることができます!!」と胸を張って答えている。

グレタを操るEUの思惑

実はグレタのバックには「ＥＵ／欧州連合」がついており、実際、彼女の母国スウェーデンは、１９９５年にオーストリア、フィンランドと共にＥＵに加盟した。「地球温暖化問題」に最も積極的なＥＵは様々な「エコビジネス」の利権を独占し、「二酸化炭素排出取引／Carbon emission trading」の要で、１９９７年の「京都会議」では、温室効果ガスの排出枠の余った国が、排出量の多い国や企業に売買できる仕組みを創り上げた。

前述したように、そのマージンをＥＵがほぼ独占し、その最大株主の一人が、『不都合な真実』のアル・ゴアという仕組みである。

オバマ政権（第2期）の２０１５年12月、「温室効果ガス」の排出を21世紀後半には実質ゼロにするという世界的な枠組み「パリ協定」が採択され、オバマ（前）大統領もサインした。ゴアも同年の「ＣＯＰ21／国連気候変動会議」で「パリ協定」を採択したその場にいた。

だから、フランスのエマニュエル・マクロン大統領は、「地球温暖化」を欺瞞と訴えるトランプ大統領（第1期）に「パリ協定」の存続を訴えたかったのだ。「エコビジネス」

による膨大な利権が、２０１７年6月1日のアメリカによる「パリ協定離脱表明」によって失われかねなくなっていたのである。

そこに現れたジャンヌ・ダルクがグレタ・トゥーンベリで、フランスのマクロン大統領がアメリカのトランプ大統領に送り込んだ〝刺客〟ともいえる存在だった!!

オバマ、ゴア、マクロンといい、あの少女は汚い大人の手垢で既に汚れていたのかもしれない。

「パリ協定」はEUに莫大な利益をもたらすビッグビジネス

プロローグでも触れたが、アメリカの（元）副大統領だったアルバート・アーノルド・ゴア（アル・ゴア）が、２００６年、地球温暖化問題を啓発するドキュメンタリー映画『不都合な真実』を公開し、世界中に一大センセーションを巻き起こした。

アフリカで唯一雪が積もる標高５８９５メートルのキリマンジャロの雪が激減し、南米パタゴニアの氷河が目に見えて後退、南米を襲来しなかったハリケーンがブラジルに上陸し、ツバルが海面上昇で消えかかっている。

それらの原因は、先進諸国が吐き出す二酸化炭素とされ、それが蓄積した結果、地球の環境バランスを崩すまでになったという。

ゴアが「ノーベル平和賞」を獲得したことで、大企業も温暖化対策に本腰を入れ始めた一方、ジョージ・W・ブッシュ（前）大統領は、「温暖化は起きていない!!」、「起きているとしても、人類が放出した二酸化炭素のせいだという根拠がない!!」、「京都議定書に基づいて二酸化炭素の排出を減らせば効果があると考える根拠はない!!」として、2001年、アメリカは「京都議定書」からの脱退を表明した。

その理由は、7パーセントのCO_2の削減を実現した場合、アメリカは（当時）年間3970億ドル（約40兆円）の経済損失が見込まれるからとした。

CO_2の「排出権」は新たな世界通貨である

温暖化は、太陽から地球に降り注ぐ熱と、地球から外に放出される熱の差から発生するとされる。太陽から波長の短い紫外線が飛び込み、出ていく際は波長の長い赤外線になる。両者のバランスが保たれている間、地球の温度変化は一定の範囲内にあるが、赤外線を封じ込める二酸化炭素の量が増えれば入り出のバランスが崩れ、熱は溜まるばかりと考えられたからだ。

かくして地球は温暖化するというのがエコロジストの主張で、その先駆者となったゴアは、地球温暖化の危機を世界に訴える一方、二酸化炭素の「排出権」を牛耳る取引市場の筆頭株主となり、莫大な利益を得ている。

「排出権」は、「京都議定書」の目標を達成できなかった企業が一定の金額を支払い、達成した企業から炭酸ガスを排出する権利を購入する仕組みをいう。

今や排出権はドルやユーロと同様に売り買いできる新たな世界通貨と目され、ＥＵが積極的に推し進めるエコロジー・システムとなっている。そのシステムを恒常化させる「パリ協定」は、ＥＵにとって無限に利益を生み出すビッグビジネスなのだ!!

各国の削減目標

国連気候変動枠組み条約に提出された約束草案より抜粋

国名	削減目標	
中国	GDP当たりのCO_2排出を2030年までに**60～65**%削減 ※2030年前後にCO_2排出量のピーク	2005年比
EU	2030年までに**40**%削減	1990年比
インド	GDP当たりのCO_2排出を2030年までに**33～35**%削減	2005年比
日本	2030年までに**26**%削減 ※2005年度比では25.4%削減	2013年比
ロシア	2030年までに**70～75**%に抑制	1990年比
アメリカ	2025年までに**26～28**%削減	2005年比

全国地球温暖化防止活動推進センターのHPより作成。
数字は平成27年10月1日現在のもの。

日本だけが損をする「京都議定書」の欺瞞!?

1997年12月に「京都議定書」が採決された時の総理大臣は安倍晋三で、無能国家を地で行く議決内容は欧米から失笑を受けて当然だった。

「パリ協定」のすべての基本を作った「京都議定書」は、最悪の非科学と嘘の似非ビジネスを生み出し、その反面、日本だけが大損失を受ける羽目に陥ったプロトコルである。日本の技術者が築いた世界トップの環境技術と結果を、霞が関の主導で放棄させられ、中国と同じスタートラインに立つことを了解する大失態を演じたのである。

自民党と霞が関の官僚がアメリカの言いなりだったからだが、当のアメリカはブッシュ・ジュニアが大統領になるや、さっさと日本を見捨てて「京都議定書」から離脱した。

その後のドナルド・トランプの「パリ協定」離脱劇は同じ線上にあり、アル・ゴアによって始まった温暖化ビジネスが、アメリカ製の似非科学だった証拠といえる。

一方、散々アメリカに利用された挙句に捨てられた日本は、「京都議定書」の排出権の縛りを受けて経済が好転せず、若者は仕事を失い、派遣と契約社員に徹して結婚もできない社会が訪れ、今に続く経済格差地獄に陥ることになった。

裏取引の結果『不都合な真実』が生まれた!?

最悪の「京都会議」に参加した当時のアメリカ大統領は民主党のビル・クリントンで、その翌年の1998年8月20日、女性秘書モニカ・ルインスキーとのスキャンダルから国民の目を逸らすため、アフガニスタンとスーダンのアル・カイーダに向け、「宣戦布告」もなく200発近い巡行ミサイル「トマホーク」を発射した。

その後、2000年の大統領選挙で民主党のアル・ゴアを僅差で破ったのが共和党のジョージ・W・ブッシュ（ブッシュJr.）で、ブッシュ大統領（当時）はさっさと日本を見捨て、「京都議定書」から撤退する。

そのブッシュJr.とゴアの大統領選挙は異例の展開となる。両者は史上稀に見る大接戦となった結果、最後の決戦場となったフロリダ州が〝コンピュータ開票〟だったことにゴアが不信を抱き、手作業による数え直しを請求する事件が起きたのだ。

そこはブッシュ一族のジェブ・ブッシュが知事だったこともゴアの不信を煽り、最終的にゴアが折れる形で決着したが、その際、裏で高度な取引があったとされている。

当時のブッシュ陣営に雇われていた「ITストラテジスト」のマイケル・コネルが不審死する事件があり、この男は、生前、コンピュータ投票の端末にミラーサイトから介入したと公言していた。

そのままでは大統領選挙自体に国民の不信が募るため、ゴアに対して相応の褒美を与えねばならなくなった「DS／Deep State（深層政府）」は、「京都議定書」を利用する地球温暖化ビジネスにより、ゴアに莫大な利益を与える密約を交わしたとされる。

ゴアにハリウッドが全面協力し、それが2006年に世界中で大ヒットした映画『不都合な真実』として結実し、2007年には「第79回アカデミー賞長編ドキュメンタリー映画賞」を受賞、さらに同年「ノーベル平和賞」も与えられた上、「排出権」で最大の株主になる道筋が用意された。

まるで国家補償付の「インサイダー」で、これによりゴアは不動の億万長者となったのである。

ブッシュJr.は「京都議定書」で大儲け

一方、大統領となったブッシュJr.は、一度脱退した「京都議定書」を再び利用することを思いつき、排出ガスの元凶である石油を利用しない「バイオマスエタノール（バイオエタノール）構想」を立ち上げた。

結果として、サトウキビ、トウモロコシ、大豆を大量投入したバイオエタノールが大ブームとなり、その反動で穀物が不足して一気に価格が暴騰、アメリカは食料輸入国の日本などから濡れ手に粟の莫大な利益を上げたのである。

アル・ゴアによって始まった「温暖化ビジネス」が、ＥＵとアメリカ製の似非科学だとしたら、日本人は一体何を信じたらいいのだろうか？

偽善の地球温暖化ビジネス!!

『不都合な真実』で世界中を一気にエコビジネスに向かわせたアル・ゴアは、莫大な収益を上げて世界的大富豪になったが、その生活ぶりは「地球温暖化」などどこ吹く風だったことが、ジャーナリストのマーク・モラノの徹底調査で判明した。

アル・ゴアは「人々が生活を変えてCO_2排出を減らさなければ地球が滅びる」と説いたが、そのゴアの何軒もある大豪邸は、それぞれがアメリカの平均的家庭の21倍もの電力を浪費しまくっていた。ゴアは自家用ジェットを乗り回しながら、温暖化の脅威を訴えるハリウッドセレブと化し、その言葉に何の説得力もなかったことが明らかになった。

空気を右から左へ移すエコビジネスで巨万の富を築いたこの大富豪は、国民に向かい、「自分を犠牲にしてでも地球を救おう」と熱弁をふるうが、彼の周囲に徒歩で移動する者は皆無である。

世間を欺くゴアの贅沢な暮らし

２００７年、アル・ゴアは同志の活動家レオナルド・ディカプリオを伴い、「第79回アカデミー賞」の授賞式に登場。２人が壇上に向かう直前、スクリーンに巨大なオスカー像とCO_2削減の標語が映るのを目撃した評論家チャールズ・クラウトハマーは、「タイム誌」にその標語が「公共交通機関に乗ろう!!」だったと書いた。

一方、ゴアのテネシー州の大豪邸（全米に3軒ある別荘のうちの一つ）が一般家庭の21倍もの電力を使うと報じられた直後、２００７年3月21日の「上院公聴会」で、環境・公共事業委員会の常任委員だったジェームズ・インホフ議員がゴアに向かって、莫大なCO_2排出をやめるよう警告、「家庭省エネ宣言書」に署名するよう迫ったが、ゴアは署名を拒否、その後も、電力を浪費し続けた。

それから10年後の２０１７年6月、ゴアはＣＮＮの取材に「自家用ジェットは手放しました。サウスウエスト航空を使う旅行のCO_2排出は、排出量取引で相殺しています。今私は、CO_2排出ゼロに近い暮らしをしているのです」と笑みを浮かべた。

この男の欺瞞は度を越している。クラウトハマーによると、使用電力をバラされた翌月には何と、電力消費が34倍に増えたという。「温暖化過激派のゴアは年に２２０万円も電気代を使うが、環境ホラ話で大儲けしたため、痛くもかゆくもない。2億円未満だった純資産が、2008年には30億円にも増えたからである」と暴露したが、ゴアは屁でもない顔で無視した。

クラウトハマーのほうもエスカレート、「庭の温水プールに使う電力だけで、一般家庭6軒分の年間使用料に等しい」と暴露。2017年の「リッチモンドタイムズ ディスパッチ」紙の論説に、「脅威論広報担当ゴア」の問題点が総まとめされ、「他人に省エネせよと説きながら、自分は莫大なエネルギーを使う。たぶん温暖化は大問題でもないのだろう。少なくとも暮らしに影響はない。世界の終わりを説く大富豪の発言は、とりわけ元政治家なら、眉に唾をつけて聞くようにしたい」と痛烈に皮肉った。

たった0・03パーセントしかない地球の炭酸ガスによる「地球灼熱化」などありえず、太陽活動に原因があることを隠すことで、エコビジネスから莫大な利益を得る巨大ヘッジファンドや大富豪に、世界中の人々が体よく騙されている姿が垣間見えてくるのである。

再び地球温暖化トリックの検証!!

昔から海は余分な二酸化炭素を吸収してきたが、エコロジストたちは海水も限界に来ていると警告する。二酸化炭素濃度の高い海水が深層から昇ってきたため、昔ほど二酸化炭素を吸収できなくなったというのだ。地球温暖化で氷河や氷床の氷が溶けた結果、重い冷水は海底に沈み込み、海底を移動しながら過去の二酸化炭素で一杯の深海水を押し上げて上昇しているという。

その兆候は世界中の浅瀬に群生する珊瑚礁の白死に見られる。これは海水温の上昇によるもので、海水温と二酸化炭素の吸収率が関係する証拠とする。

しかし、なぜ冷たい深海水が上昇してくるのだろうか？　押し上げられるなら大陸棚に衝突し、無理矢理上昇することで浅瀬のサンゴを冷却するならまだわかる。深層水は冷たいはずで、それを温暖化した海水という時点で既に論拠が崩壊している。

海水面の表層部の温度上昇は、あくまでも「電子レンジ」と同じ構造で地球を暖める太陽の影響であり、それでも海水の膨張は極めて限定的である。

ツバルは沈んでいない

アル・ゴアが映画に取り上げたことで脚光を浴びたフィジー諸島の「ツバル」だが、前述したように温暖化で溶けた両極の氷で海水面が上昇し、島全体を海の底に沈めているともいうが嘘である。

満杯のコップに浮かんだ氷が溶けても水がコップからあふれ出ることはなく、それを言うならエコロジストが脅しに使うように、北極海の氷がすべて消え失せホッキョクグマが絶滅する事態になったとして、実は今この時点で反対側の南極の積雪量が増えており、氷床が成長しているという現実がある。

過去60年間に撮影された航空写真と高解像度の衛星写真を使い、ツバルやキリバスなど太平洋諸島の27島の陸地表面の変化を調査した結果、表面積が縮小しているのは4島のみで、23島は同じか逆に面積が拡大していることが明らかになっている。

ツバルも9島のうち7島は3パーセント以上面積が拡大し、1島は沈降どころか30パーセントも大きくなっている。

ツバルが沈んでいるのはサンゴ礁を砕いた層の上に建物や飛行場や道路を造った結果、

サンゴ礁の破片の隙間が圧縮され、その隙間を通して海水が入り込むため、満潮で海水が通り抜けて彼方此方で噴き出すだけなのだ。

しかし、ツバルのような貧しい島々は、世界中から「地球温暖化」の象徴による援助金を貰える特権を放棄することはない。ツバルは〝沈む島〟というイメージを通して、温暖化ビジネスを支える構造ができあがっているのである。

炭酸ガスは地球の温度安定に役立っている

地球温暖化は寒冷化と一体というのが正しいエコロジー科学の常識で、地球は極端な温暖化には極端な寒冷化で対応し、極端な乾燥化に集中豪雨化でバランスをとっている。

最近の研究では、炭酸ガスは地球規模で温度を安定させており、黒点ができないほど太陽活動が低下して起きる「地球寒冷化」を防いでいる可能性さえ指摘されている。

黒点の数が増大して太陽の表面活動が活発になると、地球では温度上昇により氷河が溶けるなどして雲が大量に生まれ、紫外線の多くをシャットアウトする。つまり、炭酸ガスも地球の気象安定化に役立っていたのだ。

が、黒点が長期間消える太陽活動の低下で如実になるのが「太陽放射紫外線量」の激減で、その結果起きるのが地球大気最上層の「熱圏」が薄くなることである。これにより、有害な太陽光線が大気の層を通過しやすくなり、紫外線を含む電磁波が高まって大気が温暖化するという。

炭酸ガスはむしろ、急激な温度差をショックアブソーバーの役目で防いでいる可能性があるというのが、最新科学のデータである。

世界規模の地球温暖化ビジネスを全面展開するEU（特にフランス）主導の「パリ協定」から離脱表明したトランプ大統領は、マスメディアが扇動するように果たして常識が欠落した狂人なのかということだ。

前にも述べたが、スウェーデン人の環境保護活動家に祭り上げられた少女グレタ・トゥーンベリは〝科学の常識〟とやらを「盾」に各国首脳を非難したが、背後にいるのが温暖化ビジネスで儲けたいアル・ゴアであり、「パリ協定」を存続させたいフランス政府である。

さらに言えば、「現行科学」を絶対視し、万能の盾とするアスペルガー症候群（差別ではなく事実）の子供についていく行為は極めて短絡的で危険とだけ忠告しておく。

2030年分岐点問題のトリック!!

日本の「2030年問題」は、人口減少が止まらず、今のまま超高齢化社会に陥った場合の「社会保障問題」、「日本経済鈍化」の状況を表す総称で、「超高齢化」、「多死社会」による人材不足から起きる「経済クラッシュ」の分岐点を指している。

全人口の3分の1が65歳以上の高齢者社会では、稼ぎ手の労働者が圧倒的に不足し、社会保障費だけが肥大化して壊滅日本になる。

一方、世界規模の「2030年問題」とは、一刻も早く「脱炭素社会」に移行しなければ、排出ガスによって暴走する「地球温暖化」により、地球が許容できる「臨界点」を超え、二度と元に戻らない金星のような地獄の惑星になることをいう。

この予測は、ベルリン郊外の「ポツダム気候影響研究所」のヨハン・ロックストローム教授が唱えた「ホットハウスアース理論」による科学的見解とされ、2030年で人類の未来が決定するという。

今のまま何もしなければ、２０３０年に、「産業革命」以前の地球の平均気温より1・5度上昇が決定し、地球環境はバランスを崩して「金星」のような〝灼熱惑星〟へと向かい、その暴走を止めることができなくなるとする。

ところがである。そもそも「火星」の氷冠が年々縮小しているように、温暖化の主犯は「二酸化炭素」ではなく「太陽」であり、「二酸化炭素」はむしろ急激な温暖化の緩衝材になっている。

大気中の二酸化炭素が2倍になると気温が2・3度上昇する

２０２1年10月5日、スウェーデン王立科学アカデミーノーベル委員会は、２０２1年ノーベル物理学賞受賞者に、アメリカの「プリンストン大学」の真鍋淑郎上席研究員ら3人を選定したと発表。50年以上前に二酸化炭素が増えれば地球の気温が上昇し「地球温暖化」につながる理論を、数値を元に発表した功績を讃えてのことだった。

当時、日本人がノーベル賞を受賞するのはアメリカ国籍の取得者を含め28人目で、物理学賞では12人目だった。

真鍋氏は50年以上も前、シンプルで本質を突いた「気候予測モデル」を作った学者で、「地球温暖化」が人類の活動によって起きたことを科学的裏付けで証明したとされる。

それで現代の気候研究の基礎が作られ、地表面が太陽から受けるエネルギーから、絶対零度の宇宙へ逃げるエネルギーを差し引いた「放射収支」と、二酸化炭素の増加や水蒸気が互いにどう影響し合うかを世界で初めて解明し、複雑な関係を数式化して大型コンピュータを使って予測したとする。

1967年にアメリカで発表した論文で「二酸化炭素の濃度が2倍になると地球の平均気温がおよそ2・3度上昇する」と予測。現代それが見事に証明された上、真鍋モデルで「長期予報」も可能となり、海の気象状態を予測する「大気海洋結合モデル」の完成にもつながった。

それは確かに正しく、真鍋氏の功績は大きいが、さらに上の「太陽」が異変を起こした場合、太陽系内では「地球」のある時期だけに起きた「温暖化」の一時期のみ通用する「ローカルモデル」である。

植物は温暖化したほうが繁殖する

長い時間で見ると、地球は「温暖化」と「小氷期」を繰り返している。「地球温暖化」を解決する「エコロジー」の概念だが、その根本がもし間違っていたらどうなるか。スタート時点からいえば地球の酸素を創り出したのは森林ではない。

大昔、地球の酸素を創ったのは、海の細菌「藍藻／シアノバクテリア」で、藍藻が群体形成する「ストロマトライト」という層状の岩が、海水域から淡水域に至るすべての海辺に大群生していた。

今でもオーストラリアのシャーク湾やセティス湖などに生息し、酸素を延々と創り出している。植物の陸地への進出は大気中に酸素があふれてからなのである。

さらに、世界中の森林が二酸化炭素を吸収する量よりも多くの二酸化炭素を、広大な海が吸収している。

だから植物は地球温暖化を防いでいるというのは科学的にもありえず、むしろ植物は地球が温暖化したほうが亜熱帯や熱帯地方のように繁栄するというのが現実なのだ!!

第四章

真っ赤な太陽の真実

太陽が異変を起こしている!!

大自然は「均衡」を常とするが、時に大きく「傾斜」することがあり、その場合、その後に必ず大きな「揺れ戻し」が起きて元の均衡が「回復」する。今、太陽は「巨大津波」の前兆のように、沖に向かって「潮」が大量に引き始めたかのように見える!!

２０１８年、太陽活動が急激に停滞していることが判明、「黒点」が完全に消える不気味な状態が続いた。そのため、アカデミズムは「地球温暖化」どころか、「氷河期」が始まった可能性を示唆し始めた!!

元々、太陽には「11年周期」があり、11年ごとに太陽活動が活発になる「極大期」と、減退する「極小期」を繰り返してきた。太陽黒点の減少は「極小期」の特徴とされ、その消滅が長期間続くのは異常事態となる。

イギリスの新聞「Express」（２０１８年9月24日）は、「今年に入り、１５３日も黒点が観測されていない」と報じた。本来、極小期は2020年から起きるはずだが、どう考えても太陽は安定を失ったとしか思えないとした。

さらにNASAの観測データを取り上げ、地球観測衛星のデータから、地球大気圏の最上部にある「熱圏」が縮小、今も大気圏の半径が縮んでいると伝えた。

これは明らかに寒冷期の兆候で、地球全体が凍ることはないが、17〜18世紀に起きた「マウンダー極小期」では、北半球の各地で「飢饉」や「疫病」が発生し、人類の被害が甚大となった。

太陽の「極小期」による飢饉の記録

14世紀に起きた極小期は何と70年も続き、150万人もの餓死者が出たとされている。イギリスのテムズ川、オランダの運河と河川は凍結、アイスランドの人口は飢饉で半減、その頃グリーンランドにあったヴァイキングの植民地は飢餓で全滅した。

こうした異常な環境変化の最古の記録は、紀元前1700年頃の『旧約聖書』にあるヨセフの頃に起きた世界的大飢饉とされ、古代エジプトは預言者ヨセフの命令を守って大飢饉に備えている。

「『国中に監督官をお立てになり、豊作の七年の間、エジプトの国の産物の五分の一を徴収なさいますように。このようにして、これから訪れる豊年の間に食糧をできるかぎり集めさせ、町々の食糧となる穀物をファラオの管理の下に蓄え、保管させるのです。そうすれば、その食糧がエジプトの国を襲う七年の飢饉に対する国の備蓄となり、飢饉によって国が滅びることはないでしょう』。ファラオと家来たちは皆、ヨセフの言葉に感心した。」

（『旧約聖書』「創世記」第41章33〜37節）

これは、正常な環境から、異常な温暖化などによる環境異変で、農作物が枯渇することへの警告だったことになる。

イギリスの「ノーザンブリア大学」に席を置くバレンティーナ・ザーコヴァ博士の研究グループは、２０３０年までに、97パーセントの確率で「小氷期」が起き、それが33年間も続くと算出した!!

イギリスの「サウサンプトン大学」のシブレン・ドリファウト博士のグループは、５パーセントの確率で、太平洋や大西洋の海流が停止すると指摘している。

太陽の異常な変化が、今、地上に危機をもたらそうとしているのだ。

太陽を浴びると暖かいのは「電磁波」による

貴方の身の回りで、「太陽は燃えていない!!」と言う人がいたら距離を置くだろうが、「太陽は電子レンジと同じ!!」と言う人がいたら、とりあえずは耳を傾けることをお勧めする。

太陽は約73パーセントが水素で、内部では4個の水素原子核が融合し1個のヘリウム原子核が創られている……これを「核融合反応」といい、太陽は核融合で燃えているとするのが常識だ。

では太陽がなぜ輝くかというと、「水素原子核」4個と「ヘリウム原子核」1個の質量差が、ヘリウム原子核1個より軽いためで、その軽くなった

太陽の核融合反応

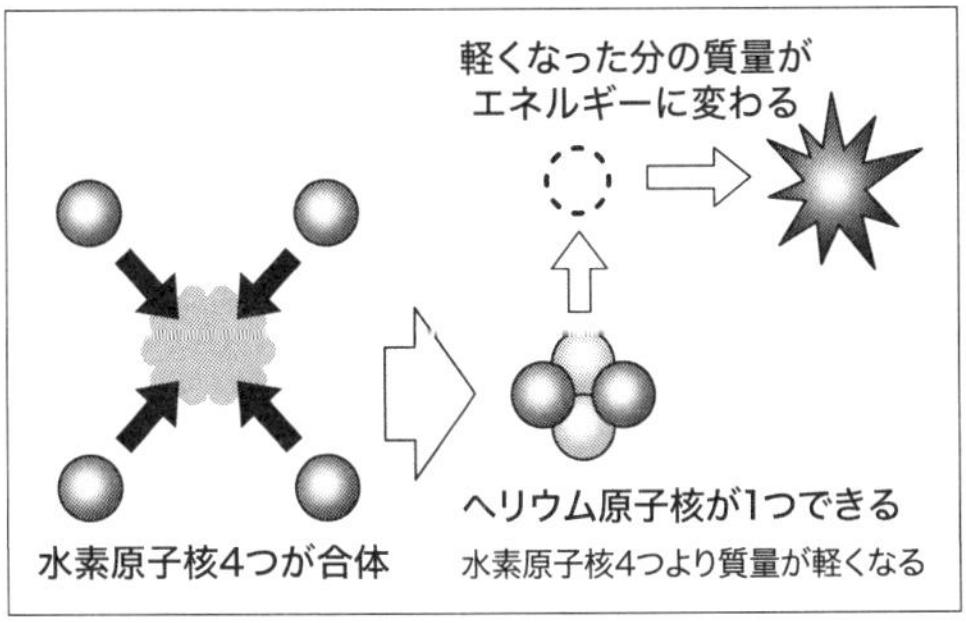

水素原子核4つが融合して1つのヘリウム原子核になる。その時の質量差がエネルギーに変換され、太陽光（太陽風）となる。

分だけ別エネルギーに変換され、それが太陽光（太陽風）となって放出されるためである。

太陽風とは太陽から吹き出すプラズマ（電気を帯びた希薄なガス）の流れで、地球軌道での太陽風の速度は時速150万～300万キロに達し、太陽風の変動は地球でのオーロラの原因になり、時には磁気嵐を起こして地上の電子機器や人工衛星に障害をもたらすことになる。

太陽風の加速を「あかつき」が観測

2014年、「JAXA／Japan Aerospace Exploration Agency（宇宙航空研究開発機構）」と「東京大学」の研究チームが、金星探査機「あかつき」を用いた電波観測により、太陽から太陽半径の約20倍離れた領域までの太陽風を調べた結果、太陽半径の約5倍離れたポイントから、太陽風が急激に速度を上げる現象をつかんだ。

このことから、太陽から離れたポイントで起きる太陽風加速は、太陽風を伝わる波をエネルギー源とする加熱が原因と明らかになった。

この太陽風だが、太陽系外から流入する様々な波長の銀河宇宙線をシールドし、地球環境への影響を小さく抑えている。

摂氏約6000度の太陽表面の「彩層」から、摂氏100万度に達する超高熱プラズマ

（コロナ）が噴出するが、この超高熱のために外向きに働く爆発が、プラズマを押し出し、太陽風を生み出すと考えられている。

しかし、一体どのようなメカニズムでガスがこれほどの超高熱に加熱されるのかは「太陽物理学」の大問題の一つになってきた。

太陽黒点の周囲から起きる爆発現象のフレアが放出する天文学的な量の電磁波と高エネルギー粒子は、最短で8分弱で地球に到達、通信インフラや電力網に障害を起こす。その爆発速度をスーパーコンピュータに計算させても、観測された速度にまで太陽風が加速されるには、コロナ下部の加熱だけでは不可能で、太陽半径の数倍から10倍以上も離れたポイントでもガスがさらに加熱され、超高熱が保たれる理由が不明だった。

「あかつき」の観測結果から、太陽表面で発生する電磁波が、離れるに従い不安定となり、結果として生じた電波が衝撃

太陽のコロナ・ループ

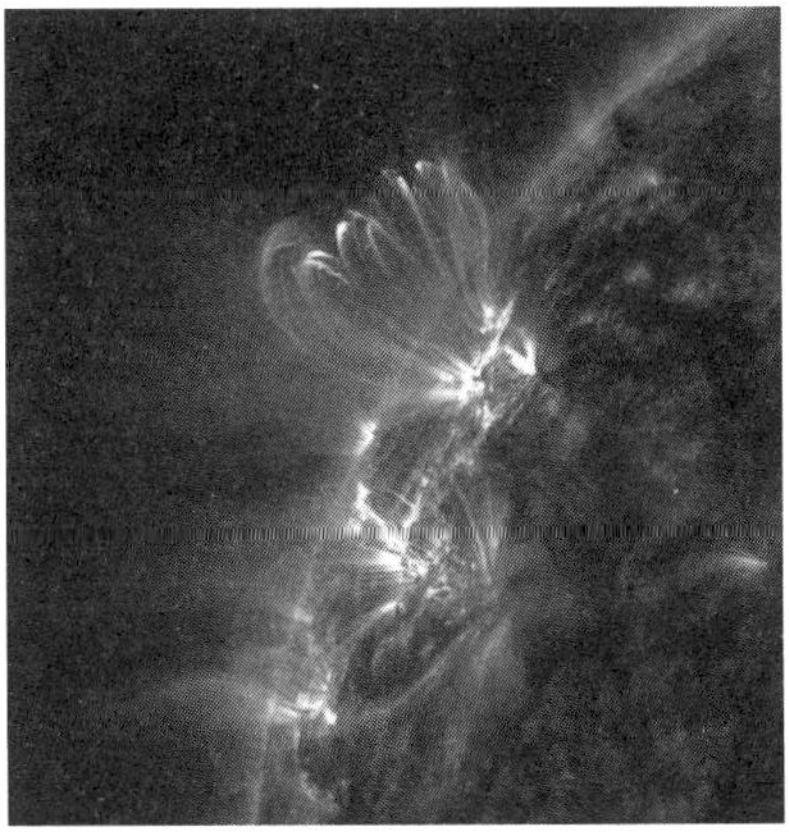

太陽の活動領域上空のコロナ・ループ。2012年1月撮影。©Solar Flare NASA/Solar Dynamics Observatory

波を生成、その衝撃波がプラズマを加熱させ、太陽風を加速させるようだ。

何もこんな専門知識がなくても日常生活に支障はないが、これが「電子レンジ」と関わるとなると、複雑な天文学が一気に日常に近づいてくることになる。

が、その前に、18〜19世紀の「近代天文学の父」とされるイギリスのウィリアム・ハーシェルについて話さねばならない。

太陽の下では暖かくなる理由は？

ハーシェルは、太陽に近い山岳部ほど暗く低温なことに疑問を抱き、実は太陽は高温ではないのではないかと考えるようになる。

要は、太陽に近いはずの山頂のほうが、地上より暖かくないのはおかしいと考えたわけで、この謎は、ハーシェル自身が発見した「赤外線放射」が地表を暖め、その照り返しの「輻射熱」が高山に届かないことで説明がつくとされた。

が、この「赤外線」が原因とする考えは最近ではまったく通用しない。

暖かくなる主犯は「赤外線」ではなく「電磁波」だからである!!

これを太陽の「電子レンジ効果」というが、太陽が昇ると気温が上がるのは、大気や土中に含まれる水蒸気や粒子が電磁波により振動して暖かくなるからで、高山では大気が薄い分だけ含んでいる粒子が少なく、そのために振動効果が減って暖かくならないというのが最新の解釈である。

同様に、太陽光が当たった部分だけ暖かいのも、生物体内の水分が電磁波で振動して体内から暖かくなるのであり、焚火に近づいたら体が暖かくなったのとはまったく違うのだ。反対側の陰の部分が暖まりにくいのも、電子レンジの偏りと同じである。真夏に家の中にいてもクーラーをかけなければ「熱中症」になる理由も、電子レンジの「箱入食品」、「保存箱食品」と同じ理屈で、電磁波は家の中の空気を振動で熱くしているのだ。

これによって何がわかるかというと、「地球温暖化」の主犯は太陽の「電磁波」であり、赤外線は脇の「共犯」に過ぎず、炭酸ガスはせいぜい「従犯」程度で、二酸化炭素を減らしても温暖化にまったく関係ないことが判明するのである!!

「太陽常温説」が真面目に検討された時代もあった

この結論に至るまで、天文学は様々な有為曲折を経験し、中には珍説・奇説も登場する。

１９４９年、西ドイツの天文学者ビューレンは、以下の研究結果を公表して話題を呼んだ。

「太陽の黒点は太陽表面の深い谷で、そこは植物が茂るほど水分が多く、冷たい領域である」、「太陽は動物も人も生息可能で、太陽が燃えているように見えるのは、大気を通した見せかけの光学現象に過ぎない」、「もし、私の説の間違いを証明できたら、その者に（当時）2万5000マルクを支払う用意がある」、「太陽は地球と同じように、熱帯、温帯、寒帯があり、両極は氷が支配し、巨大な火山もあり放射物質もある」、「太陽の大気が濃い水蒸気圏の〝大気レンズ〟を形成し、この大気レンズの焦点が地球の赤道とピタリと合っている」、「この太陽大気の〝凸レンズ効果〟で、虫メガネのように数十～数百倍も熱くなり、地球大気のレンズと相まって地球の赤道付近が最も熱くなっている」、「黒点は火山噴火の噴煙で、フレアは大気レンズを通して現れる光学現象に過ぎない」、「太陽の地表温度は摂氏26度の常温」、「太陽は熱を発していない。電磁波を放射しているだけで、電磁波が地球大気に触れて初めて光線と熱に変換され、大気の薄い所ほど暗く低温になる」、「太陽表面が摂氏6000度なら、太陽に最も近い水星は火の玉になっている」等々。

この説は当時から天文学者の間でまじめに検討され、日本でも、電気工学博士だった関英男氏が「太陽冷却説」ならぬ「太陽常温説」を唱えている。

NASAの関連機関にいた川又審一郎（本名：川又信一）氏も、「太陽常温説」を支持する一人で、「太陽に氷が存在し、太陽は摂氏26度〜27度の常温で、水星は0度以下の氷の惑星である」とし、その論文が、アメリカの権威ある科学雑誌「Science」に「太陽に氷が存在する」論文として2回も掲載されている。

これを、太陽が核融合で燃えていると信じて疑わない日本の一般人はどう解釈すればいいのだろうか？

おかしいのは地球規模の歳差運動!?

地球の地軸は、太陽の自転軸の「黄道」から23・4度傾いている。それは同時に地球の公転面の法線に対して傾斜していることを示している。

この傾きがあるので地球上には四季の変化があり、北緯23・43度（23度26分）を走る「北回帰線上」で、年に一度「夏至」に太陽の南中高度が90度になる。逆に北緯66・6度（66度33分）の「北極圏」では夏至に「白夜」となって、「冬至」に日が昇らない。

一方、南半球では反対で、「南回帰線上」では12月の冬至に太陽の南中高度が90度、南極圏では冬至に白夜になる。

北半球では、地軸の交点付近の北極星は、1年のどの季節でも同じ高度に見えるので、北極星の角度を測れば、現在位置（緯度）を算出できる。

ところが、今、その足元が揺らいでいることがわかってきた。

カナダやアラスカなど北極圏に住むイヌイット（エスキモー）たちが「空が変わった」

と言い始めたのだ。長年、空の変化を見つめてきたイヌイットの長老たちが、「地球がわずかに傾き始めた」と言っているという。

イヌイットが気づいた太陽の変化

彼らがまず気づいたのは太陽の変化で、太陽が通常の位置より上方に現れ、その影響で日照時間も長くなっているという。日照時間がほとんどない「極夜」の場合、日の出と共にアザラシ漁に出るが、普段なら1時間ほどで日が暮れるはずが、最近は2時間も陽が沈まないという。

他にも、多くのイヌイットは、星が見えない日でも地形を頼りに自分の位置を把握できるが、近年では地形と星の位置が対応しなくなっているという。

イヌイットたちは、地球の地軸が傾き始めたか、通常より大きく揺れ動くことで空の様子が変化しているので、NASAに調査してくれと依頼している。イヌイットは長年にわたって大自然と一体化して生活してきたため、人類が最初に太陽の微妙な変化に気づくとすれば彼らであり、その彼らの警告を、我々は無視することはできないだろう。

イヌイットの長老たちはさらに断言する。「現在、如実になってきた地球温暖化は、二酸化炭素が原因ではなく、地球の傾斜が始まったか、自転の揺れが原因で起きている」と。

イヌイットの長老たちは、地球の自転が揺れる結果として、「世界各地で異常気象が多発し、巨大地震の発生に関与している」という。

しかし、アル・ゴアによって加速した地球の「温室効果ガス問題」は、今や世界規模で「排出権」やら「エコ」やら「自動車のEV化」やら、巨大産業を生み出す構造ができあがっている。もはやエコ社会を完全否定することは、政治家というよりビジネスマンであるドナルド・トランプ以外は不可能である。

特にEUは、排出権から上がる利益でベンチャー企業を生み出し、巨大なエコ経済を回しているため、空気を数値に変えて右から左へ動かすだけで莫大な利益を得ている。こんな金の卵を手放す気はないはずで、エコサイクル最大株主のアル・ゴアも巨万の富を得続ける錬金術から手を引く気はない。

だから、NASAが世界経済に与える影響の大きさから事実を公開しなくてもおかしくなく、せいぜいドナルド・トランプが「地球温暖化と二酸化炭素の因果関係は証明されない!!」として、「パリ協定」から離脱するぐらいが関の山だろう。

地球の「歳差運動」が変化している!?

スマホにも搭載される「GPS」だが、過去の北極星から割り出した基本データで地球を経度と緯度に輪切りにしているはずで、常時、北極星との位置関係を測定しながら表示しているのではない。

さらにいえば、地球には「歳差運動《さいさ》」という「コマの首振り」にたとえられる〝揺れ〟が存在している（歳差運動によって、毎年、春分点が黄道上を50・3秒角、西へ移動している）。

地軸の「歳差運動」の周期は2万5800年で、そのため日常にはほとんど影響することはなかった。しかし、もしもその「歳差運動」が変化したとしたら、イヌイットの長老たちが気づき始めた現象が大なり小なり世界各地で観測されるはずである。

これが微細な範囲ならＡＩが微調整するだろうが、もし想定外に大きくなった場合、地球は「地軸移動／ポール・シフト」を起こしやすくなり、あるいは自転はそのままで球体だけが転ぶ「極移動／ポール・ワンダリング」を起こす可能性も出てくる。

そんな状態で、もし太陽の激変により太陽系規模で何か起きれば、地球は酔いどれのようにに倒れてしまうだろう。

そのことを『旧約聖書』が以下のように預言している。ここで紹介だけしておこう。

「地に住む者よ、恐怖と穴と罠がお前に臨む。

恐怖の知らせを逃れた者は、穴に落ち込み／穴から這い上がった者は、罠に捕らえられる。天の水門は開かれ、地の基は震え動く。

地は裂け、甚だしく裂け／地は砕け、甚だしく砕け／地は揺れ、甚だしく揺れる。地は、酔いどれのようによろめき／見張り小屋のようにゆらゆらと動かされる。地の罪は、地の上に重く／倒れて、二度と起き上がることはない。

その日が来れば、主が罰せられる／高い天では、天の軍勢を／大地の上では、大地の王たちを。

彼らは捕虜が集められるように、牢に集められ／獄に閉じ込められる。多くの日がたった後、彼らは罰せられる。」（「イザヤ書」第24章17～22節）

もし「聖書」が正しければ、いつか地球は限界点を超え、酔いどれのように引っ繰り返ることになる。

覆される太陽の常識!!

望遠鏡で最初に太陽を観測したのはガリレオ・ガリレイである。

ガリレオは太陽に黒点が存在することを知り、それが移動することも知った。中世の暗黒時代が終焉を迎える頃、地球を回る天体の一つに過ぎなかった太陽が、コペルニクスの「地動説」によって太陽系の中心に置かれることになる。「天動説」が終焉したのだ。

その後、科学が発達するに従い、太陽が約46億年前に誕生し、太陽になった残りのガスが冷えて惑星や衛星になったとされた。

太陽の構造

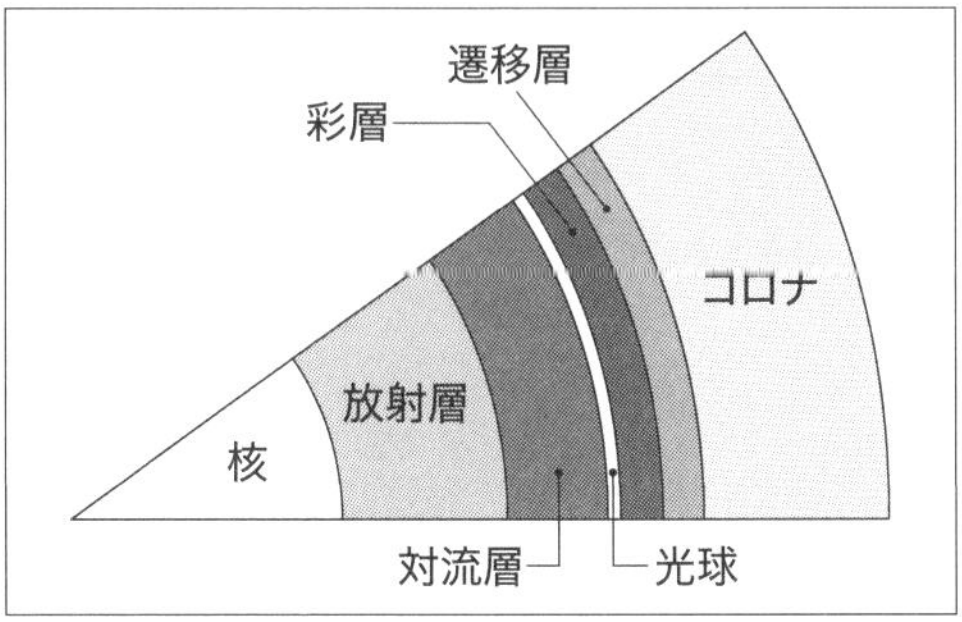

太陽は、中心部より核、放射層、対流層、光球、彩層、遷移層、コロナと並ぶ。

太陽の直径は、地球の約110倍の139万2000キロで、輪切りにすると、中心部から核（コア）、放射層、対流層、光球、彩層、遷移層、コロナの順に並ぶとされる。太陽表面を「光球」といい、地球の地殻のような表層は存在しないとされる。斑点状の「黒点」はその光球に存在し、周囲より温度が低く、低いゆえに黒く見える。

光球より上層を「太陽大気」といい、そこから猛烈な勢いで「太陽風」が放出されている。

いまだに謎が多い太陽

太陽風は超高温の電離した粒子で、これを「プラズマ」という。プラズマは様々な電磁波を発生させ、質量は毎秒100万トンに達する。太陽から放出されるプラズマは、2500億気圧の中心部で誕生し、ニュートリノとガンマ線の相互作用で数十万年をかけて表面に達し、宇宙空間に放出されるという。

太陽は超弩級の「ガス天体」と考えられており、太陽系のガスの質量の99・8パーセントを占め、残り0・2パーセントのほとんどを木星が占めたとされる。

つまり、地球や火星などの地殻天体は稀な存在で、太陽系は土星、天王星、海王星を含めた〝ガス系〟と呼ぶほうが相応しい。実際、ガス天体であるゆえ、太陽の自転速度は赤道付近が高緯度より速く、赤道の自転周期は約25日、極付近は約28日である。つまり太陽表面は流動的で固い地殻ではないことになる。

この「差動回転」の結果、磁力線が時間経過とともに捩れ、変形した磁力線が磁場のループを形成し、太陽表面から噴出するという。これが「紅炎/プロミネンス」で、太陽フレアと呼ばれる爆発現象である。

しかし、これには幾つか解き明かせない謎がある。太陽表面の温度は摂氏約6000度だが、コロナは100万度を超える超高温である。「フレア」にいたっては爆発度合いで摂氏1億度さえ超える。なぜここまで高温になるのか詳しい原因は不明だが、最新研究では、太陽の磁気エネルギーに関係するとされている。

さらに中心部の核融合反応に伴って誕生するニュートリノは、内部の核反応理論から予測される値の半分もない。岐阜県飛騨市神岡町の神岡鉱山内に建設された「SUPER-K/スーパーカミオカンデ」の精密観測でもそれが証明され、なぜ太陽のニュートリノが予測値よりも少ないかが大きな謎になっている。つまり、太陽にはわからないことが多く、それは同時に、常識が覆る可能性を秘めているともいえる。

少し前まで、太陽には大規模な磁場が存在し、磁極も存在するのが常識だったが、それが覆されたのは、「太陽極域軌道探査機：ユリシーズ」が打ち上げられてからである。1

990年10月6日（日本時間7日）、「ESA／欧州宇宙機関」主導で開発された太陽極域軌道探査機「ユリシーズ」は、アメリカのNASAのスペースシャトル「ディスカバリー」で打ち上げられた。1992年2月、木星の重力を利用したスイングバイを行い、1994年8月、太陽の真下（南極側）に回り込み、1995年6月、北極側に移動した。「ユリシーズ」は、その間に驚くべきデータを地球に送ってきた。

太陽には地球のように決まった磁極や磁場が存在せず、無数の「磁力線」が四方八方に乱舞する姿を観測したのである。

太陽は「超弩級地殻天体」である!!

太陽に関する常識の崩壊はこれ一つにとどまらず、1995年8月、イギリスの「バーミンガム大学」に籍を置くY・エルスワースと研究チームは、太陽のガス運動の底にある不可解な状態を明らかにした。

彼らは太陽表面で起きる「5分振動」を利用し、それが太陽の内部変化で起きるなら、逆に「5分振動」を利用すれば内部構造が明らかになると推測した。人工地震波を観測することで、地下の内部構造を知るのと同じ理屈で、チームは、1992年1月から94年8月にかけて、アメリカ、オーストラリア、チリなど世界6カ所から観測を行い、驚くべき太陽内部の姿を突き止めたのである。

それまで、太陽の対流圏のガス運動は外部より遅いか、あるいは速いというのが常識だったが、見事に引っくり返った。対流圏内の回転速度は、緯度に関わらず一定であると確認されたのだ。これは「角速度」が一定であることを意味する。

「角速度」とは、物体の回転速度のことで、角度と時間の「商」をいう。わかりやすくいえば、角速度が同じ太陽内部は固体の可能性があるということになる。「角速度」の一定は固い物体でしか起きないからだが、地球を例にすると、地球は固体であるゆえ角速度が緯度に関わらず一定で、影響を受ける大気圏も角速度が一定である。

エルスワースと研究チームの観測によって、太陽の対流圏のすき間にある層が、地球の大気圏と同じ状態と判明したことになる。しかし、観測はそこまでで、さらに深部の観測には至らなかった。

地球の大気圏は薄いため、地殻の影響を受けて角速度が一定である。となると、対流圏の下の層の角速度を一定にする原因とは、硬い地殻しかない。それも途方もない規模の地殻である。少なくとも虚ろなガス状態ではない。とすれば、太陽の実像は「超弩級地殻天体」となる!!

少なくともエルスワースの研究チームは、その尻尾をつかんだことになるのである。

太陽系外縁部に謎の超エネルギー帯!!

２００９年、ＮＡＳＡが打ち上げた太陽圏観測衛星「ＩＢＥＸ／Interstellar Boundary Explorer」が、地球の周回軌道上で観測史上初の「太陽系外縁部全天地図」を作成中、途方もない天文現象が確認された。それは、太陽系を包み込む「Heliosphere／太陽圏（ヘリオスフィア）」の末端部分で、全長30億キロ、幅数十万キロの非荷電原子の「ＥＮＡ／energetic neutral atom（エネルギー中性原子）」を確認したことだ。

この超弩級的発見は、太陽系の保護シールドとされる「ヘリオスフィア」と、銀河の中心部から直撃する超弩級エネルギー粒子との〝衝突〟ともいえ、その場所は地球から１５０億キロ離れた位置で確認されたことになる。

２００９年に発見された、銀河の中心からピンポイントで太陽系めがけて照射された超弩級エネルギーと、太陽が放出する〝プラズマ・シールド〟との劇的衝突は現在進行形で起きている。しかし、宇宙探査機「ボイジャー1号」と「ボイジャー2号」が、それぞれ

2004年と2007年に太陽系外縁部の探査を開始した際には、まったく確認できなかった現象である。

NASAの「ゴダード宇宙飛行センター」に所属する「IBEXミッション」のエリック・クリスチャンは、記者団を前にして、「ボイジャーは2カ所の気象観測所であり、IBEXは上空を飛ぶ気象衛星なので、2カ所程度の観測所で気象衛星規模の確認ができないのは当然のことです」と説明した。しかし、最も「ヘリオスフィア」に近づいた観測所が、「ENA」をまったく確認できなかったのだろうか？

2009年あたりから「地球温暖化」が本格的に世の中を騒がせ始めたことから、それ以前にピンポイントで「太陽圏（ヘリオスフィア）」めがけて直撃する「ENA」はなかったのか、あるいは微弱だったかということで、記者たちも疑問を感じていたようだ。

この点については後で科学的検証を行い、NASAの正式発表との矛盾を指摘する。

進化する「ENA」が太陽系を襲う!?

テキサス州の「サウスウエスト研究所」の職員で、「IBEXミッション」の主任研究員デイビッド・マコーマスは、「ナショナルジオグラフィック・ニュース」の取材で、「ENAは目視できないし、宇宙探査機がそこを通過しても機体や人体に害はない」と断りながらも「ＥＮＡの形成過程は明らかになっていないが、少なくとも銀河の超弩級磁場が太陽圏外層を圧迫している可能性がある」と認めた。

そしてマコーマスは、太陽風が形成する太陽圏外縁部で未知のＥＮＡによる「非荷電原子」が生成されており、２００９年からＩＢＥＸが検出され続けていることを明かした。「ＥＮＡ」の凄まじいエネルギーの一部は、生成の瞬間に「太陽圏（ヘリオスフィア）」を突き抜ける。太陽圏観測衛星「ＩＢＥＸ」が「太陽系外縁部全天地図」作りに要した6カ月の観測期間中、１００万個の「ＥＮＡ」を検出した。

マコーマスは、「太陽圏外縁部」の一部の領域では、ＥＮＡがさらに高密度で生成されている部分があるとするが、局所的な増加の理由は「まったくわからない」と言う。

「ＥＮＡは、銀河からの磁場（磁力線）がヘリオスフィアの外層を圧迫している領域でより多く生成される可能性があり、外部からの強力な磁場（磁力線＝電磁波）がヘリオスフィアを通して太陽系内に影響を与えている可能性も十分に考えられる」という見方を示している。

「ＩＢＥＸミッション」の研究チームは、その後も新たな観測データに基づき、次の全天地図を作成中だったが、完成前の段階で「ＥＮＡ」がさらに進化している兆候をつかんだため、このままいけば太陽系にどんな影響が及ぶのか予測できないとしている。

磁力線交差のリコネクション

太陽・太陽圏観測衛星（太陽探査機）の「ＳＯＨＯ」も、とんでもないデータを送ってきた。「ＳＯＨＯ」は、ＥＳＡとＮＡＳＡが協力開発した探査機で、１９９５年12月２日に打ち上げられた。

その「ＳＯＨＯ」と日本の太陽観測衛星「ようこう」の共同観測から、太陽では磁力線の「リコネクション（つなぎ替え）」が無数無限大に行われていることが判明した。

リコネクションとは、「磁気リコネクション」や「磁力線再結合」といい、磁力線を解かして別の磁力線につなぎ替えることをいう。簡単にいえば〝交差〟であるが、磁力線は気象の「等圧線」や地図の「等高線」と同じで交差しないが、太陽では〝交差もどき〟をしていることになる。

その際、強烈なプラズマが発生し、大爆発を起こして「フレア」を噴出させることが判明した。

このことから、太陽表面を乱舞する無数の磁力線が連鎖的リコネクションを起こし、凄まじい規模のプラズマ爆発を誘発している構造が見えてきて、それが太陽風という電磁波の大量放出につながっていたのだ。同時にそれは、ある一つの可能性を示唆している……太陽が必ずしも〝核融合炉〟でなくても構わなくなったのだ!!

フレアを起こす構造の解明

磁力線のリコネクションで発生するプラズマは、核反応と同じ「ガンマ線」、「X線」、「紫外線」、「可視光線」、「赤外線」、「電波」等を放射する。

2006年9月23日、日本は最新の太陽観測衛星「ひので」を打ち上げ、太陽活動を最新装置と画像でとらえ、これまで謎だった部分を解き明かす成果を上げていった。

太陽表面を覆うプラズマの塊「粒状斑」から、垂直方向に磁力線が放射されていることは当時から知られていたが、水平方向にも磁力線が流れ込み、垂直方向の磁力線とのリコネクションでコロナが発生する現象を初めて「ひので」がとらえたのだ。

この時に起きる垂直方向の磁力線の揺れを「アルベン波」といい、同時に黒点に磁場があることも発見され、黒点と白点が同時に発生することで、白点のS極から黒点のN極に向けて大量の磁力線が曲線を描く現象も観測された。

垂直方向の磁力線の束どうしが接近すると、さらなるリコネクションが発生し、プラズマが連鎖反応を起こし、凄まじい規模の巨大フレアを噴出することも判明した。

その温度差があまりに大きいことから、太陽の表面より太陽大気の温度が高い現象、「コロナの加熱問題」という新たな謎を生み出している。

どういうことかというと、火の気がないコンロに、水の入ったポットを乗せると瞬間的に沸騰するような現象をいい、学者たちはこの謎に頭をひねるが、太陽が核融合炉でないなら、謎は謎ではなくなる。

プラズマの温度上昇は曲線的ではなく直線的で、一気に数万度に達し、理論的には瞬時に無限大の温度にもなる。

1995年、そんな太陽でトンデモないものが観測された。黒点で大量の「水分子」が観測されたのだ!!

太陽の黒点は火山である⁉

太陽大気は摂氏6000度だが黒点は摂氏4000度で、周囲より比較的温度が低く、「水分子」が存在できる領域とされるのは事実かもしれない。

しかし、多くの学者たちは温度が低いとはいえ、黒点に「水分子」が大量に存在するデータを突きつけられて流石に面食らったようで、アカデミズムは一時期大混乱に陥ったようだ。

水分子とは「水素原子：H」1個に、「酸素原子：O」が2個くっついた状態であり、いわゆる液体の「水」になっていない分子とされる。水分子が最も多く浮遊するところは、家庭でいえば風呂場と、洗濯物を乾かす物干し場付近で、濡れた洗濯物を太陽光線で乾かす周辺である。

これについて、多くの人は太陽の陽の暖かさで濡れ物が乾くと考えているが、そうではなく、電子レンジと同じで、洗濯物に浸み込んでいる水分を太陽からの電磁波が激しく振動させることで、「水分子」が飛び出すのである。しかし、そのままなら陽が陰ると濡れた洗濯物に戻るため、適度な風が吹いて「水分子」を吹き飛ばしてくれる環境が最適なのだ。

それと「黒点」の関係だが、風呂場や物干し場と同じで、大量の「水分子」が存在する所に大量の「水」が存在するということである。

つまり、太陽が超弩級地殻天体なら、当然だが陸地もあれば海洋も存在し、その規模は地球と比較にならないほどのスケールで、超弩級の「火山」が幾つも存在することになる。

さらにいえば、「火山」も、噴火と共に大量の「水分」を噴出させ、それが猛烈な雲を巻き起こし、「天地創造」ではないが、その大量の雲が地上に大雨を降らせてきたはずである。

とすると、「黒点」とは噴火が起きている所とも考えられる。特に大噴火の際の噴煙から、猛烈な雷（プラズマ）現象が起こるため、太陽大気を支配するプラズマが急激に活性化し、リコネクションによる連続爆発がフレア（プラズマ爆発）となって摂氏数千万度の超高熱状態を創り出すと考えれば筋が通ってくる。

もちろん、地球の火山も「活火山」から「休火山」まであるため、太陽の火山もいつも噴煙を出しているとは限らないし、突然、大噴火を起こすこともあるだろう。「黒点」の位置も一定ではないように見えるが、一部の研究者はガス天体にしては同じ位置に黒点が現れることもあるという事実に気づいていても、それを発表すると自分の天文学者としての地位を失うことを恐れ、誰も発表すらしない状況という。

第五章
「HAARP」の標的は日本なのか？

「HAARP」は都市伝説ではない!!

「HAARP／High Frequency Active Auroral Research Program（高周波活性オーロラ調査プログラム）」という言葉を聞いたことが一度はあるはずである。

多くの日本人は、「HAARP」と聞いただけで、胡散臭い「オカルト」、「都市伝説」、「陰謀論」と考えるのは、それが「気象兵器」、「地震兵器」として語られることが多いからだ。

「HAARP」はアメリカ軍や「DARPA／Defense Advanced Research Projects Agency（国防高等研究計画局）」、「アラスカ大学」などが、1980年代から2000年代まで共同で行っていた、地球の高層大気や電離層に関する研究プログラムをいう。

ところが、一部の間から、アラスカ州に現存する「HAARP実験施設」が近年世界各地で起きている天災や地震を起こしているという噂が流れ始める。

そんな「HAARP実験施設」だが、2015年にアメリカ軍の手を離れ、「アラスカ大学：フェアバンクス校」が管理運営を行った実験が同年4月6～14日に行われた。

地元ラジオ局「KUAC」は、この実験は2015年以来最大最長の規模だと報じ、原子爆弾開発の中心だった「ロスアラモス国立研究所」や「DOE／United States Department of Energy（エネルギー省）」、そしてアメリカ軍関連の研究所など、様々な機関がスポンサーになっていた。

「HAARP実験施設」の責任者ジェシカ・マシューズは、研究の目的は地球大気の高層にある電離層で起きている物理的なプロセスを解明することで、同様の研究を行うトップレベルの研究所も今回の実験に参加すると語った。

マシューズは「大規模な実験を行うことにスタッフ一同興奮している」と話し、実験期間中はHAARPから短波によるテキストや画像の送信が行われ、世界各地で受信できることを確認する実験が行われた。

HAARP実験施設

アラスカに建設された「HAARP」は表向きはオーロラ観測所とされているが、その実態は……。

周波数などの詳細は「HAARP」のオフィシャルX（旧Twitter）アカウント（@uafHAARP）で随時更新されるとした。このアカウントは実験施設の内部や、飼われている犬などの画像が時々アップされることで話題になった。

実験責任者である「アラスカ大学」のクリス・フォールンによれば、現在は「太陽のサイクルが厳しい年の厳しい時期」で、実験には理想的な環境ではないとした。そのため、機材をフル活用した実験を夏に再び行うとした。

気象改変技術は実在する!!

その後も「HAARP」の実験が続く中、2017年8月にはテキサス州を直撃した「ハリケーン・ハービー」が発生、キューバやフロリダに大災害をもたらした「ハリケーン・イルマ」、そして急速に勢力を拡大した「ハリケーン・マリア」と、次々と予測を超える巨大ハリケーンが発生する異例の事態が起きていた。

この異常事態について、アメリカの有名物理学者の一人が2013年の段階で気になる指摘をテレビ番組でしていた。理論物理学者のミチオ・カク博士が、気象改変技術が実在していることを主張し、そのメカニズムを解説していたのだ。

カク博士は2013年9月25日に放送された「CBSニュース」で、空に浮かぶ雲へ強力なレーザーを照射することで雨を降らせたり、雷を発生させられるという解説に交え、人為的に気象を改変できることを説明している。

「CBSニュース」では、カク博士の話にキャスターが「でもまだ実験レベルですよね」と口を挟んだところ、「実験レベルですが、大分以前から実際に応用され使われています」と切り返し、1960年代の「ベトナム戦争」でCIAがこの〝気象改変技術〟を使ったことを例に挙げている。

対応に困ったキャスターが、「使ったと〝いわれている〟ですよね」と修正を求めると、博士は素直に従い、「当局は気象改変技術の存在は公式には認めていないながらも、実験レベルでは実際に効果が確かめられており、今後、農業分野などでの実用化が加速するだろう」と発言している。

そして、「農業での活用の他にも、例えば重要なイベントの日を悪天候にしないようにすることもできる」と指摘。その一方で、「洪水やハリケーンさえ引き起こすことができる」と述べている。

カク博士は2013年の段階で、気象改変技術が十分にハリケーンを発生させうると主張しているのだが、果たして現在に至る世界異常気象の続発は、博士の指摘が現実化しているのだろうか？

「HAARP」の発動は諸刃の剣!!

「HAARP」については、具体的にどのような技術が開発されているのかはまったく謎に包まれている。

アラスカにある「HAARP」の施設には180本ものアンテナが並べられ、成層圏の電離層に高周波のラジオ波を照射することを通じて、新たな通信網とレーダー網を開発しているといわれるが、このラジオ波の照射が原因で気象変動が引き起こされているという声が後を絶たない。

イギリスのタブロイド紙「The Sun」の記事によれば、一説には「HAARP」によって電離層の下層と上層を〝加熱〟することで、仮想の「レンズ」と「鏡」が形成されるといい、このレンズと鏡で、広範囲に及んでステルス航空機やステルス巡航ミサイルの検知が可能になり、また発生した超低周波によって地中深くの様子も探索できるとする。

同時に、広範囲に及ぶ通信網を構築することができ、それは海中深く潜行した潜水艦にも利用できるという。

この技術がそのまま「気象兵器」にもなり、対象となる一帯上空の人気の異なる層が接する部分に熱を加えることで、「洪水」、「干ばつ」が人為的に作り出せるとする。

それが事実だとしたら、「ＨＡＡＲＰ」は〝諸刃の剣〟となり、「ＨＡＡＲＰ」を発動させて目標一帯に強力な監視体制を築けば、望むと望まざるとに関わらず、周囲の気象を変えてしまうことにもなる。

現在、世界中で起きている異常気象や災害が、何らかの軍事行動を日的とした「ＨＡＡＲＰ」の発動による副産物なのか、あるいは気象兵器として別の目的、つまり「人口削減」、「地方自治壊滅」、「特定地域からの追い出し」等のために意図的に使われたのかはわからないが、アメリカでは「ＨＡＡＲＰ」が引き起こしたものと結論づける人々が多い。

不自然に動くハリケーン

気象学の専門家ではない物理学者のカク博士は、２０１７年8月25口にもテレビで緊急発言をしている。アメリカのテキサス州を襲った「ハリケーン・ハービー」の襲来時で、「艱難辛苦が始まった」というコメントを残したのだ。

「ハリケーン・ハービー」は、テキサス州南部に上陸後、熱帯低気圧に勢力を弱めたはずだったが、ここでありえないことが起きる。5日間も同じ位置で停滞し、その間、ものすごい豪雨と暴風で地域に甚大な被害をもたらしたのである!!

番組でカク博士は、時速200キロの速度で動くハリケーンが、上陸後、一転して長時間とどまってしまうことで、あたりに大規模な洪水が発生する可能性があり、その後、進路が再度湾岸に向かった場合は、巨大ハリケーンは息を吹き返して再び被害をもたらす可能性があると発言した。

なぜハリケーンが生き返ってくるのか？　ただでさえメキシコ湾やアフリカの海岸線のような暖かい気候の海域はハリケーンが育つのに適した環境だが、さらにメキシコ湾の海水温が2度高いと、ハリケーン復活のリスクを高めることが判明、暖かい海水温と冷たい空気の組み合わせがハリケーンにエネルギーを供給して勢いづかせるというのである。

厄介なことに、「NOAA／National Oceanic and Atmospheric Administration（アメリカ海洋大気庁）」によれば、2017年は大西洋全体の平均をはるかに上回って、11から17もの嵐が発生することが見込まれていた。たった2度の海水温の上昇とはいえ、「バタフライ効果」によってハリケーンの発生と成長に大きな影響を及ぼす可能性があるということである。

もちろん、気象の専門家ではないカク教授の解説には疑問が残るとはいえ、この10年から20年の大規模自然災害は、その発生のメカニズムに不自然な点が多く、人為的に操作されているといった疑惑がもたれている。

「気象兵器」の実験は繰り返し行われてきた

オルタナティブ系オンラインジャーナルの「Before it's News」は、先ごろＣＩＡのサイトで公開された米軍の文書に大量破壊兵器として〝気象兵器〟が使われてきた記述があることをスクープしている。

２０１１年2月2日にＣＩＡ内部で配布された「ANALYTICAL SUMMARY : POSSIBLE INTERNATIONAL RESTRAINTS ON ENVIRONMENTAL WARFARE（分析要約：環境戦争に対する国際的抑制の可能性）」という8ページのレポートに、アメリカでは１９７２年から気象操作実験として「気象兵器」が使われてきた経緯が記されている。

文書によれば、アメリカ軍において降雨量を増大させる装備や、雲を低空に配置したり雲を散らせる装備、ハリケーンや台風の勢力を増強したり進路を操縦するシステムなどが紹介され、そして記事ではこれらの「気象兵器」は、現在、他国を攻撃するものよりは人口削減に用いられているとある。

これはつまり、アメリカ国内でも使われる可能性が十分にあるということになる。

ハリケーンや台風、地震を起こせる⁉

ＣＩＡのレポートには、ハリケーンや台風を巨大化させたり、速度やコースをコントロールすることが「気象兵器」でできるとされているが、その仕組みを簡単に説明すると、「ＨＡＡＲＰ」から電離層に向けて強烈な電磁波を照射すると、電離層付近で1秒間に2万回の空気振動が起き、電子レンジで加熱した状態に近くなり、空気同士の摩擦熱で異常な高温になる。すると地上との温度差で強烈な気流が発生し、渦を巻きながら雲が猛烈に発生して巨大台風ができあがる。

一番簡単なのは、赤道近くで発生した低気圧を巨大化させる方法だ。電離層を熱すると、上昇した電離層の真下の気圧が低くなるため、台風を巨大化させながら、まるでリモコンゲームで操作するように、ハリケーンの進路を決めることが可能なのである。

逆に電離層の反射を利用すれば、海面に電磁波を当てて温度を上昇させ、11月近い季節ではありえない規模の台風を日本に向けることも可能となる。

同じ仕組みで、電離層を使って電磁波を地面に反射させれば、地中を〝透過〟する電磁波によって地下水脈が振動して膨張、地面を押し上げて地震を発生させ、さらに電磁波のリコネクションでプラズマを発生させ、一気に水を爆発（水素爆発）させれば大地震となる。

ただし、地下7キロ程度の浅い所までしか電磁波が届かないため、深い地下を震源とする人工地震は、現時点ではまだ起こせないようだ。

家庭でも高温プラズマを発生させられる

家庭用電子レンジを使って、マイクロウェーブ（電磁波）の交差で高熱プラズマを発生させる実験は、子供でもできる。

電子レンジの中に、陶器で挟んだシャープペンシルの芯を立て、500Wで加熱すると、すぐに高熱プラズマが発生する。小学校でも簡単に高熱プラズマを発生できるが、電子レンジが破壊される危険性がある。

もし電子レンジのドアを開けても電気が流れるように調整すれば、口が開いた電子レンジは、もはや電磁波を照射するプラズマ兵器である。

アメリカの「軍産複合体」が、ロックフェラーに代表される超富裕層と手を組み、「HAARP」を軍事兵器だけではなく、既にアメリカで行き詰まっているアメリカ型資本主義の突破口に使うため、外国のみならず自国民にも使い始めたらどうなるか？

既に、その実例が起き始めている報告が次々と上がっている……。

太陽活動期に便乗して大儲けする「ショック・ドクトリン」!!

アメリカの経済学者で「ノーベル経済学賞」を受賞したアシュケナジー系ユダヤ人のミルトン・フリードマンは、〝反ケインズ的裁量政策〟を掲げながら、徹底した市場原理主義を謳い上げたが、後にそれが「Shock Doctrine／ショック・ドクトリン」と呼ばれることになる。

「ショック・ドクトリン」は、別名を「惨事便乗型資本主義」といい、政変、戦争、災害などの巨大な危機的状態が突然起きた場合、人々がショック状態にある間に先手を打ち、人々が冷静さを取り戻して社会と生活を復興させる前に、過激なまでの市場原理主義を決行し、最大級の利益追求に走る経済理論をいう。

そのためには政治家と資本家が強力にタイアップする必要があり、特に資本家による経済論理最優先で、経済改革と利益追求に猛進する理論であるため〝末期的資本主義〟ともいわれる。

ロックフェラーとロスチャイルドが支配する世界

2006年に94歳で亡くなったフリードマンは以下のように発言している。

「危機のみが変革をもたらす!!」

「危機が発生したら迅速な行動をとることが何よりも肝要!!」

「現状維持の悪政に戻ってしまう前に経済改革を実行すること!!」

言い換えれば、資本家が莫大な利益を合理的に得るには、大災害や戦争を起こせばいい理屈になり、それに政府が加担すれば「惨事活用資本主義」が完成し、そこに軍も加担すれば「軍事介入資本主義」となり、巨大ヘッジファンドが加担すれば「火事場泥棒資本主義」となる。アメリカの場合、そのすべてを握るのが「DS/Deep State(深層政府)」の主人であるロックフェラーだ。

一方、アメリカと一心同体のイギリスではロスチャイルドが「国際金融銀行システム」を支配していることから、この両者がタイアップすれば「Shock Doctrine/ショック・ドクトリン」を難なくやってのけることができ、事実、サッチャー首相はフリードマン理論を掲げてサッチャリズムという「ネオリベラリズム/新自由主義」を断行、政府機関を資本家や企業に払い下げる民営化を推し進めた。

市場原理こそ自由の基盤で、政府による強制はそれに反するという考えだが、アメリカではレーガン大統領が呼応、グローバリズムに打って出て、国内が疲弊しても巨大コングロマリッドが国境を超えて膨大な利益を得れば、それがやがて貧しい者に還元されるという「トリクルダウン理論」を展開した。

レーガニズムの結果は散々なもので、新たに出現した超グローバル企業や超富裕層は、貧者相手に1セントの税金も納める気はなく、「城壁都市」を築いて自分達の「Rich Stan／リッチスタン（超富裕層王国）」とし、アメリカからも独立する動きを見せている。

白人種の超富裕層は、ロスチャイルドの国際金融組織の頂点にある、「BIS／Bank for International Settlements（国際決済銀行）」のスイスの「プライベートバンク」に税逃れの資産や絵画を預け、世界最大の「Tax Haven／タックスヘイブン（租税回避地）」としてスイスを使うため、スイスの正体は見かけとはまったく違う悪の巣窟である。

と同時に、「国連」創設に天文学的資金を出したロックフェラーの「国際機関」が置かれるのもスイスで、世界の富のほとんどをロスチャイルドの国際銀行システムと、基軸通貨（ドル）を握るロックフェラーが操作し、大西洋をロスチャイルドが、太平洋をロックフェラーが支配する構造が今の国際社会である。その意味でいうなら、アメリカとイギリスの軍隊は彼らの所有物で、国際社会で起きる戦争やテロ等の小競り合いなど、「リッチスタン王国」の住民から見たら、手の平で起きている些細な火の粉に過ぎない。

この構造がわかっていないと、国際紛争や、地域戦争の表層は分析できても、深層まではまったく理解できない。

マウイ島の不思議な大火災

2023年8月8日、ハワイのマウイ島で大規模な山火事が発生し、ラハイナを中心に2200棟の建物が全半壊した大惨事すら、超富裕層、ヘッジファンド、巨大不動産企業、資本家はチャンスとして最大限の金儲けに利用する。

今もマウイの大災害には謎が多く、当日、ハワイ諸島の南西を通過したハリケーン「ドーラ」が熱帯性低気圧に変わっても、マウイ島には強風が吹き荒れ、停電が町を襲う中、突然3カ所で山火事が発生。しかし、マウイの「危機管理局」は、燃え広がる山火事に対し警報を一切鳴らさなかったのだ。

前年の2022年、最も被害が甚大だったラハイナに、高層マンションなど複合施設とビジネスビルを建設するためのコンタクトが行われたが、ラハイナはハワイ王朝の歴史的建造物が多く、ハワイ原住民の反対意見も多く、未来的構想は頭打ちの状況だった。

が、今回そのエリアは綺麗さっぱり消えたため、人道的見地と未来志向によって、大型資本による再開発ができる状況が整ったのである!!

ラハイナ周辺には、12マイルの様々な通信情報網を完備した経済特区である「メディアフリーゾーン」が構想されていたが、その地域で今回の不審火が起き、理想的な更地になった。

凄まじい猛火を示すように、焼けただれた自動車のフロントガラスも溶けていたが、ビル・ゲイツを含む超富裕層の屋敷だけは、すべて無事という異様な状況が残されている。ガラスの質にもよるが、ガラスの融点は摂氏1200〜1350度である。一方の山火事の火災温度は最高でも摂氏1000度以下で、それを上回ることはない。そして、いうまでもなくラハイナは木々が茂る深い森ではない!!

マウイの大火事で「ショック・ドクトリン」

山火事が起きた後、バイデン大統領の指示で、マウイ島は特別管理下に置かれ、メキシコとの国境に壁を築くことには反対するバイデンが、「メディアフリーゾーン」全域を高い壁で囲み、民間のセキュリティ会社が常時パトロールする中、壁の内側にドローンも飛ばさせない厳重監視下に置いた。

再度、申し上げるが、これらすべての手口はアメリカ式「ショック・ドクトリン」のやり方で、テロや大災害など、衝撃と恐怖で国民が思考停止している間に、治世者、巨大資本家、銀行が、大混乱のドサクサに紛れて過激な政策を推し進める手法であり、別名を「惨事便乗型資本主義」という。要は、大惨事につけこむ過激なアメリカ式市場原理主義で、日本でいう「火事場泥棒」、「盗人に追い銭」が「アメリカ型末期的資本主義」なのである。

マウイ火災も「HAARP」の攻撃によるもの⁉

ロシアの軍事専門家は、「ＨＡＡＲＰ」をアメリカ軍施設とし、敵国全体を機能不全にできると暴露。さらにこの兵器システムは超強力なビームを生成する「地球物理学兵器」で、表向きそれを隠しても、素人ならいざ知らず、軍事専門家の目は誤魔化せないとする。「ＨＡＡＲＰ」を稼働させる真の動機は軍事目的であり、地球の固体、液体、気体の各層で発生する全作用に影響を及ぼすとする。

複数以上のロシア及び外国アナリストの主張では、電離層で人工的に生成された「プラズモイド（高電離ガスが塊になった状態）」や「球電（球状の雷）」は、その気体の中心点をレーザーで移動させることが可能で、アメリカ軍は巨大な施設を使ってエネルギービームを空に向けて発射することを可能としており、この「エネルギー弾」、「エネルギービーム」は電離層で反射され、低周波の電磁波として地球に戻ってくるとする。

2023年8月8日に発生したハワイのマウイ島の山火事も、ユタ州を跨ぐ極秘地下軍事施設「エリア52」に設けられた最新型「N－HAARP」による攻撃実験の一環であるという。犠牲者の数は1918年以降で最多となり、特に島西部の観光地ラハイナは2200以上の建物が全半壊、約9平方キロが焼ける大災害が発生し、数十億ドルにのぼる物的損害をもたらした。

しかし、今現地では巨大不動産業界がアメリカ政府と手を組み、「ショック・ドクトリン」で巨大マンション群を建てる計画が進んでいる。

「HAARP」で刺激を受ける電離層は、軍の各種ハードウェアである「火器管制誘導システム」、「攻撃目標修正装置」、「ナビゲーションシステム」に組み込まれた無線電子装置に大きな影響を与え、その結果として、航空機やミサイルが故障することになる。

改造型地球物理学兵器「N－HAARP」は核兵器と比較してもはるかに強力で、ビームを発射する標的がイギリス程度の国土なら、瞬時に国全体を機能不全に陥らせることを可能とする。

軍事専門家は「地球物理学兵器」を使用すると、単独の部隊が一国すべての経済活動をマヒさせ、数年は復旧できない状態にできると指摘。攻撃された国民は、通信手段もすべて使えなくなり、一体何が起きたのかもわからない状況に置かれるという。

最も危険なのは、「N－HAARP」が最大出力に切り替えられた場合で、それで地球が一体どうなり、電離層がどう反応するのか、「ペンタゴン／アメリカ国防総省」でさえ確実なことはわからないという。

エリア52の「N-HAARP」は3基の上下可動式!!

２０１３年８月17日、ＡＦＰ通信は、ＣＩＡが、ネバダ州ラスベガスから２００キロ北西に広がる「エリア51」の存在を同月15日に初めて認めたと報道した。

「エリア51」は、アメリカ空軍が「米ソ冷戦時代」にネバダ州の砂漠にある干上がった湖「グルームレイク」一帯を開発し、長年にわたり〝公然の秘密〟としてきた極秘軍事エリアである。

ここにきて急にＣＩＡが公開へ踏み切った理由は、ＵＦＯ研究者が２００５年に行った「情報公開法」への請求に基づくものだった。しかし、軍事の世界は、最新鋭兵器が世間に公開された段階で、次の最新鋭兵器が完成間近というのが常識である。

つまり、アメリカ政府が「エリア51」の存在を認めたのは、新たな極秘軍事エリア「エリア52」が存在するからに他ならない。それは「エリア51」の東にあり、ユタ州に喰い込む広大な地域の地下に存在する「超弩級軍事地下施設」である。

もちろん、そこに許可なく入ることはできないが、裏ルートで流れてくる情報から「エリア52」には巨大パラボラアンテナ施設が3基存在することがわかっている!!

「HAARP」は巨大地震を発生させる

「エリア51」には、「HAARP」の施設建設以前は、地平線以遠を観測する「OTH／Over the horizon radar（ホリズン・レーダー施設）」があり、短波帯の地表波と上空波の電離層反射波を使用して、高層大気と太陽地球系物理学と電波科学の研究を行っていたとされる。

その後、「HAARP」が建設されたが、この施設は曰くつきで、完成した2005年からオーロラ観測施設ではなく、電磁波を使う何らかの軍事兵器と囁かれていた。

実際、空軍が関わる以上、「HAARPは兵器ではない!!」と言うほうが無理がある。

「HAARP」から長周期波の電磁波を電離層に照射すると、電離層によって電磁波が跳ね返され、その跳ね返った先が地上なら、深さ7〜10キロの震源で巨大地震が発生する。

電磁波を受けると地下水脈は1秒間に2万回も震動し、水が一気に膨張して行先をなくして爆発すると、地上で巨大地震が発生するのである!!

その理屈は、電子レンジに入れた生卵を連想すればよく、その被害は震源が浅いほど巨大になる。

「早稲田大学」の大槻義彦名誉教授も、マイクロウェーブ（電磁波）によるプラズマ発生実験に成功している。2カ所、または3カ所から電波照射して交差させれば、そこにプラズマ火球が発生するのである。プラズマ火球の熱は電波の強さで変わるが、摂氏数千～数万度もあり、理論的には無限大まで加熱できる。


ネバダ州の「エリア51」の地下原発の大電力を使った強力な電波を、軍事衛星に搭載されたパラボラアンテナに向かって照射、それを「衛星放送」と同じ原理で次々と衛星リレーすれば、地球の反対側でもプラズマ弾（火球）を打ち込める。

「衛星放送」と唯一違うのは、電波リレーのラインが2chあることだ。これにより最終的に目標物をめがけて電磁波を交差させることで、超高熱プラズマを人工的に創り出せ、プラズマの持つ「透過性」を利用して、地下基地でも地下シェルターでも、コンクリートの壁に穴も開けずに超高熱プラズマを打ち込むことが可能となる。

この兵器は既に完成しており、核兵器のように余剰物の放射能がまったく残らないため〝クリーン兵器〟とされる。だから2009年4月5日、当時のバラク・オバマ大統領が、チェコのプラハで、核兵器のない世界を目指すと宣言して、「核兵器廃絶」を訴えても、アメリカの「軍産複合体」に暗殺されないわけである。

米宇宙軍創設は「HAARP」と連動している

アメリカ軍は極秘裏に「プラズマ兵器」を手中にしており、都市を広範囲で焼き尽くすには拡張性の高い電磁波（マイクロウェーブ）を利用するため、電波交差用2chのパラボラアンテナを持つ軍事衛星を使う。

一方、数ミリ単位で目標を攻撃するには、電波とは逆に収縮性が高いレーザーを思わせる中性粒子ビームを使う。交差させることで数万度の、仁丹ほどのサイズの超高熱プラズマを生み出せるため、光跡が見えるほど強力なビームは必要ない。

2枚の鏡で反射するミラー・アンテナも先の軍事衛星に搭載されており、基本的に、衛星放送用の衛星と同じ中型軍事衛星が3基あれば、世界の裏まで電波やビームが届くことになる。

2019年12月20日、アメリカ軍は、そのために「USSF／United States Space Force（アメリカ合衆国宇宙軍）」を創設したのである。

日本は「HAARP」による〝大規模自然破壊誘発実験場〟と化したのか?

「3・11 東日本大震災」では2万人近い尊い命が失われたが、その犯人として日本の地球深部探査船「ちきゅう」が疑われていた。この船は人類史上初めてマントルと、巨大地震発生域の大深度掘削を可能とする「ライザー式科学掘削船」で、2010年2月からメタンハイドレート産出試験のため、三陸沖で海底ボーリング調査を行っていた。

そのため、震源地に核爆弾を埋め込んで爆発させ、地震を誘発したと一部から疑われた。しかし、仮にその掘削が原因なら、能力ギリギリの7000メートルを掘らねばならず、それには50日を要し、震源地は3カ所なので、そんなに掘るとなると日数計算が合わない。おまけに震源の深さは24キロ(当初は10キロ)とされている以上、このシナリオには相当無理がある。さらにいえば、原爆を海底に埋めて爆発させる技術は太平洋戦争末期のもので、現代ではカビの生えた技術である。

今は軍事衛星をリレーして高エネルギー弾(プラズマ)を打ち込むだけでプレートが破

砕されて、大地震を起こすことが可能となった。

前述したCIAの内部文書「分析要約：環境戦争に対する国際的抑制の可能性」（2011年2月2日）に、アメリカ軍は1972年から気象操作の実験を行っていた事実が書かれ、その目的は「他国を攻撃するより、人口削減が目的である!!」とあり、この文書が配布された1カ月後の3月11日、当時のアラスカの「HAARP」による日本人の間引き実験が開始された可能性がある。

それが「東日本大震災」である!!

「東日本大震災」は「HAARP」による攻撃！

「東日本大震災」の前日、アラスカの「HAARP」を監視していた民間グループが、「HAARP」から出される極端な異常値をキャッチした。

それはこれまでの最大クラスで、監視していたグループは即、地球上のどこかで超巨大地震、あるいは火山噴火が誘発されるとインターネットを介して警告した。

さらにデータ解析が行われた結果、3カ所のデータがほぼ同程度の強度だったことから、「HAARP」に対する垂直方向、つまり日本を通る大円方向の可能性があると再警告する!!

これは電離層に穴を開けられるため、太陽の電磁波（太陽風）の直撃を受けることへの警告で、昼に巨大地震が三陸沖で起きることを示唆していた。後は、そこに軍事衛星からプラズマを数カ所打ち込めば、低周波で緩み切ったプレートが大爆発し、超巨大津波を伴う「プレート型地震」が発生する。

案の定、「ＨＡＡＲＰ」のデータと同じ震源領域の３カ所で、ほぼ同時に「プレート破砕」が起きている。

〝3カ所同時〟が「HAARP」攻撃の証拠!?

２０２４年１月１日、数年前から群発地震が発生していた能登半島で、ついに最大震度７の「能登半島地震」が発生した。

「能登半島地震」では、最初の震源の石川県珠洲《すず》市付近から南西方向に延びる断層が動いて地震が発生した結果、半島沿岸部の隆起が起き、その13秒後、震源付近から北東方向に走る断層が動く別の地震が発生して津波を起こした。２回の地震も共にマグニチュード７・３相当と推計され、１回目の揺れが収まる前に２回目が発生したことでマグニチュード７・６程度の激震になったとする。

ところが、２回連動した地震の２分後に、さらなるＭ５・６の別の地震も起きていた。

これらの地震により、複数の断層が動いて地震が連続する「連動型地震」だったのだ。
「能登半島地震」では3カ所の断層が連動することで巨大地震になったが、実は2011

「能登半島地震」の断層は3カ所

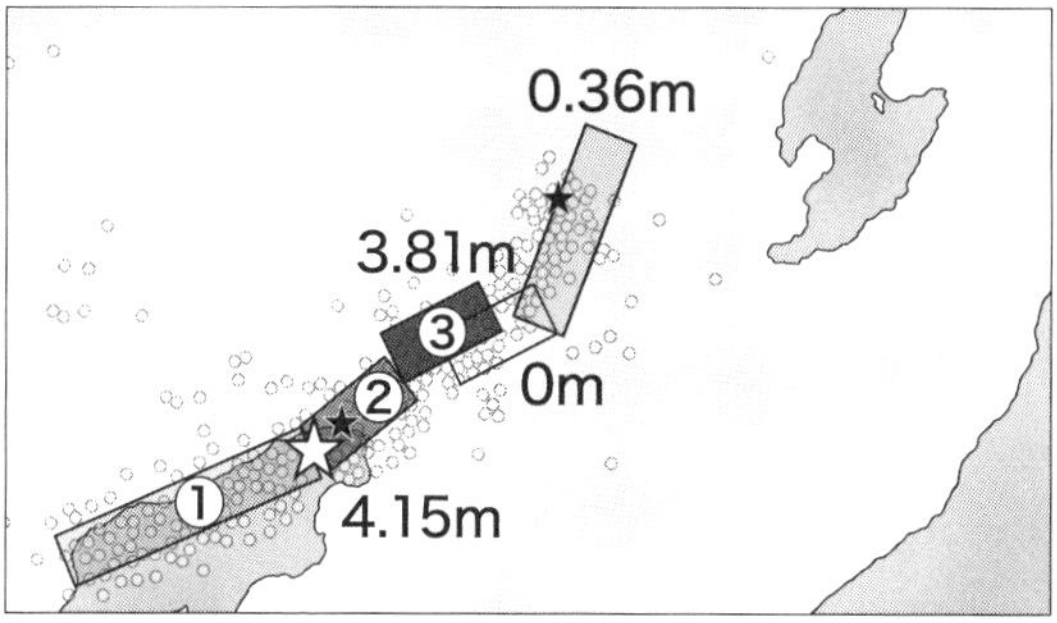

2024年1月1日の「能登半島地震」は①②③の3枚の断層が破砕して起きた連動型地震だった。

マウイ島の山火事の発生源

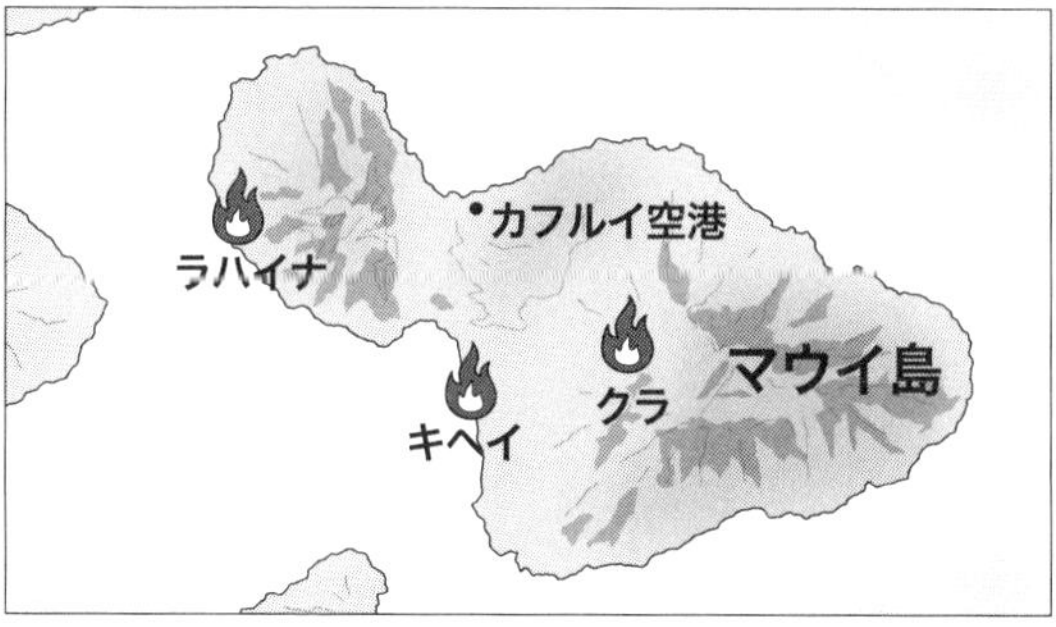

2023年のハワイ諸島マウイ島の大火災も、3カ所で同時発火している。

年のマグニチュード9の「東日本大震災」もまったく同じで、3カ所の断層が連動して動いたのだ。

奇妙なことに、マウイ島の山火事の発生源も3カ所同時だった。

これは、アメリカのユタ州に建設された「エリア52」の巨大地下施設から、稼働時にせり上がる「N-HAARP」の〝指紋〟といえる!!

「HAARP」が攻撃する時、3カ所同時に狙うよう仕掛けているなら、「3カ所同時」というのが「HAARP」の指紋になるのである。

「能登半島地震」と「羽田空港衝突事故」に関連が？

ここまで述べてきたすべては単なる偶然、あるいは「都市伝説」、「陰謀論」の類と信じている人たちに、ここで少し追い打ちをかけてみたいと思う。

2024年1月1日、震度7の「能登半島地震」が起きたが、アメリカにはなぜこの地震が必要だったのか。それは、地震と連動して発生する日本海独自の「波状津波」が、福井県〜若狭湾沿岸に並ぶ「原発銀座」と呼ばれる計14基の原発を破壊することにあり、そうなればメルトダウンの放射能被害で、西日本側が大ダメージを受ける事態となるからだ。「原発銀座」には、「大飯原発」、「敦賀原発」、「美浜原発」、「高浜原発」、高速増殖炉の「もんじゅ」等が並んでいる。

震度6で内部崩壊する日本の原発だが、今回、震度7の影響を受けた北陸電力の「志賀原発」（石川県志賀町）は、燃料プールの水があふれたため、一時的とはいえ主電源を失う事態に陥っている。

「志賀原発」は２０１１年から停止中とはいえ、電気を生み出すタービンを回していないだけのことで、始終、冷却水の中では熱核反応が起きている。実際、今回の震度7で圧力容器の配管が幾つも壊れ、冷却用油が外に漏れ出すなどし、主電源を失って、使用済み核燃料棒が保管されている燃料プールから冷却水の水が外にあふれ出したのである。

不可解なのは、北側にある「モニタリングポスト」が、突然広範囲で機能しなくなり、空気中の放射線量が測れない事態に陥ったことだ。北陸電力は「安全性は確保されている」とし、「あふれ出した冷却水は建物内にとどまっていて、外部への影響はない」としたが事実なのか？

3・11直前、警備会社のスタッフ全員がイスラエルに帰国

ほとんどの日本人は知らないが、日本中の原発を警備しているのは、イスラエルの「モサド」の息がかった警備会社「Magna BSP／マグナＢＳＰ社」で、「志賀原発」の「モニタリングポスト」も「マグナＢＳＰ社」が建てたものだ。

驚くべきは、２０１１年3月11日の「東日本大震災」で電源消失した「福島第一原発」の警備も同じ「Magna BSP／マグナＢＳＰ社」が受け持ち、同社は「羽田飛行場」の警

備にも当たっている。

その「Magna BSP／マグナBSP社」のスタッフ12人が、「3・11 東日本大震災」の直前、全員がイスラエルに帰国していたのだが、これは偶然なのか?

答えは簡単で、アメリカの「HAARP」による人工地震と巨大津波をあらかじめ知っていたからに他ならず、彼らが仕掛けた「マルウェア（不正なプログラム）」により、「福島第一原発」は電源を復旧できなかったのだ。つまりあの電源消失は、津波の前に起きていたとする一部の報告とも一致するのである。

この「Magna BSP／マグナBSP社」に資金援助するのが「みずほ銀行」で、アメリカのロックフェラーの傘下にある韓国系で占められている。

羽田で起きた日航機と海保機の事故にもマグナ社が!

2024年1月2日、「新千歳空港」を離陸した「日本航空516便／エアバスA350-941」と、羽田航空基地所属の「海上保安庁みずなぎ1号／デ・ハビランド・カナダDHC-8-Q300」が羽田飛行場の滑走路上で衝突炎上し、機長以外の海上保安官5名が殉職したが、「日本航空516便」の乗客は奇跡的に全員無事に脱出した。

その事故の不可解な点は、当時、能登地震被災地への搬出が最優先になっており、民間機の着陸が優先度2位だったこと。そして、滑走路への侵入許可を海保の機長だけでなく、副機長も聞いていたという証言が示す通り、そもそも必ず両パイロットで確認し復唱しなければ滑走路に進入できないわけで、機長一人の聞き間違いではないと思われることだ。

事実、海保機の機長は進入する「日本航空516便」の強烈なサーチライトを確認していないばかりか、「日本航空516便」の機長と副機長も、着陸滑走路上の「海上保安庁みずなぎ1号」をまったく目視しておらず、爆発の衝撃で初めて何かが起きたことを察知している。

さらに奇々怪々なのは、その日に限って海保機が使う「進入検知装置」が故障していたことで、これらを総合的に監視していたのが、あのイスラエルのセキュリティ企業「Magna BSP／マグナBSP社」なのだ。

CIAと「モサド」が手を組んだ!?

これほど不可解なことがあるにも関わらず、海保の機長の証言を裏付けるボイスレコーダーが、よりによってアメリカに渡されたのである。

海保機のコックピットボイスレコーダーは「ハネウェル製」で、その他の機器は「L3ハリス・テクノロジーズ製」と、共にアメリカ製ではあるが、日本のボイスレコーダーの捜査能力は世界トップレベルであるのに、「NTSB／アメリカ国家運輸安全委員会」に渡したことは異常というしかない。

何を言いたいかというと、「HAARP」による災害実験を行うには日本が最も手ごろで、CIAと「モサド」が組めば、日本では何でもできるということである。

これは体のいいプラズマ実験以外の何者でもない。アメリカにとって太陽の異常活動期に「HAARP」を使えば、さらなる被害を起こすことを実証できる実験場として日本は最適なのだ。

アメリカ人を支配する「マニフェスト・デスティニー」

しかし、日本人のほとんどは、「アメリカは日本を守る国だよ」、「何を馬鹿なこと言ってるんだ」、「同盟国のアメリカがそんな酷いことを日本にするわけがない」、「アメリカがそんなマネをするなど、国際的人道主義からも絶対にありえない」、「HAARPが兵器というのは都市伝説だ」と一笑に付すだろう。

しかし、そういう人の多くは、アメリカの潜在意識を支配する啓蒙思想、「Manifest Destiny／マニフェスト・デスティニー（明瞭な使命）」の存在を知らないし、日本の国際政治評論家さえ、それを知る者は少ない。

西部開拓時代に誕生した「マニフェスト・デスティニー」は、アメリカの根源的メッセージで、アメリカ人による有色人種への略奪と虐殺は、すべて白人の神イエス・キリストの導きであるとして、国内のみならず国外においても虐殺行為を正当化できる啓蒙思想である!!

その思想で西部開拓を推し進め、ネイティヴを虐殺し、西海岸に到達して国内のフロンティア拡大に息詰まっても、太平洋を越えた西へと拡散する。神がアメリカに与えた天命を世界規模へと拡大し、太平洋を越えて侵攻する先にハワイ、フィリピン、日本があった。

その日本人はアメリカに逆らったため、アメリカは「ジュネーブ条約」に違反する一般人を虐殺する大空襲を繰り返した上に、原子爆弾の熱核反応で蒸発させても神が許すとした。さらに「ベトナム戦争」に介入して200万人を虐殺、イラクにも大量破壊兵器があると嘘をつき40万人を虐殺。アフガンにも介入して女子供を含む4万人を虐殺した。

有色人種のイスラム教徒の土地を奪っても神が許し、石油を強奪しても許されるとする。

それと、「異常気象」、「地球温暖化」、「地球灼熱化」と何の関係があるのかという声も聞こえてきそうだが、世界中の異常気象を起こしている元凶が「HAARP」、「N-HAARP」とすれば、おのずと答えが見えてくる。

「湾岸戦争」の戦場からイラク兵の死体が消えた

「プラズマ兵器」は存在しないほうがおかしい。

「プラズマ宇宙論」からいえば、宇宙の99・999999999999999999999……パーセントがプラズマでできており、重力もプラズマがコントロールする。カトリックの司祭が言い始めた「無から有ができた」とする最大の非科学「ビッグバン」などなくても宇宙はプラズマで創造できることになる。

人類は、風がタンポポの種を飛ばすのを見て「グライダー」を思いつき、水が葉や枝を押し流すのを見て「船」を造り、イカが水を噴き出して進むのを見て「ジェット噴射」、「ロケット噴射」を思いついた。

プラズマ（大気プラズマ）が物体を覆って空中に浮かすポルターガイスト現象を見て、同じ原理で「UFO」を可能とし、「電子レンジ」の応用で、電磁波を交差させたらプラズマが発生することから「プラズマ兵器」に気づいたとして、何がおかしいのだろうか？

それを「陰謀論」、「都市伝説」と考えるほうが頭がおかしいか旧人類的発想で、プラズマ最大の発生源である「太陽」が、現在進行形の「地球温暖化」、「地球灼熱化」の元凶と気づくことはまずなく、金星の99・6パーセントを占める二酸化炭素が、地球ではたった0・03パーセントしかないというのに、この温暖化の犯人にするくらいしか能がない。

まして、プラズマを発生させる電磁波発生機といえる「HAARP」、「N-HAARP」が、「気象兵器」、「地震兵器」であるなどと言おうものなら頭がまったくついていけなくなる。

徹底的な報道管制を行ったアメリカ

1991年1月17日、サダム・フセインのクウェート侵攻で発生した「湾岸危機」は、この日、アメリカの開戦宣告と共に「湾岸戦争」に突入した。

「砂漠の嵐作戦」と呼ばれた多国籍軍の攻勢は凄まじく、CNNが流した衛星放送の映像は全世界の目を釘付けにした。バグダッドの暗闇の空に向けて発射される、発光弾やミサイルの生々しい航跡の映像は、アラビアンナイト風の建築物のシルエットに溶け込み、どこか幻想的な感覚を感じさせたが、それ以後のTV映像による報道は、厳しい報道管制が敷かれることになった。アメリカ軍が許可した場所で撮影した映像や、本部から与えられた映像だけの公表となり、戦闘現場にマスコミはほとんど入れず、戦場での詳しい現状や戦闘は、多国籍軍のスポークスマンを通す以外にまったく入手できない状況が誕生する。

それは多国籍軍の先導国だったアメリカ軍により、綿密に計画されたマスメディア対策だった。

イラク兵の戦死者数を公表しないアメリカ

アメリカ軍は1960年代を血に染めた「ベトナム戦争」の時、マスメディアを戦場に送り込み、多大の戦果をアピールしようとして、逆に失敗した。湾岸戦争においては、その苦い経験を繰り返すまいと情報統制に踏み切ったのだが、それは多国籍軍に参加するイスラム諸国に対する配慮もあった。

同時に、イラク軍に多国籍軍の位置や規模、装備など手の内を知られないようにする大義名分もあっただろうが、マスメディアに情報を明かされると、神経ガス入りミサイルを撃ち込まれる恐れがあったのも事実である。

特に、旧ソ連が開発した全長13メートルの地対地中距離ミサイル「スカッドB」を改良した「アル・フセインミサイル」は射程が650キロあり、「アル・アッバスミサイル」に至っては900キロ以上の射程があった。

当然、マスメディアの戦場への立ち入りは禁止され、湾岸戦争の間それは決行されたが、実は、数ある湾岸戦争ミステリーの中で、いまだに謎に包まれているのが、イラク兵の戦死者数の公表である。

当時のイラク政府が自国の敗戦を認めたくないために公表しないのではなく、戦勝国のトップのアメリカが極秘にして公表しないのである。

アメリカは、イラクに対して気づかいをするような国ではない。実際、「ベトナム戦争」では、毎日何人のベトコンを殺したかの数字をマスコミに発表していた国である。一部では、同じイスラム圏諸国に対する気兼ねという声もあるが、同じ宗教間で行われた戦争など世界史では枚挙に暇がなく、あの「イラン・イラク戦争」も同じイスラム圏の戦争だった。

「湾岸戦争」では、スカッドミサイルを撃ち込まれたイスラエルが静観していたことで、何とか多国籍軍の結束を乱さずにすんだ経緯があったとはいえ、戦果を報じない戦争などかつて一度も存在したためしがない。

言い換えれば、それだけあの「湾岸戦争」が異常だったということである。

戦場にイラク兵の死体がない!?

敵味方における戦死者数の報告をせねばならないのは、アメリカなら「国防省」になるが、信じられないことに、イラク兵の死体を処理したハズのアメリカ側に、その詳しい戦死者数の記録がないというから驚きだ。

「湾岸戦争」の時だけデータ不足で統計を出せないというのだろうか？

細菌兵器で死のうが、毒ガス兵器で死のうが、爆弾で死のうが、現場の兵隊にとっては同じことで、「湾岸戦争」だけは、多国籍軍に敵兵士の死骸を数えるゆとりがなかったというのだろうか？

アメリカが公表した戦場写真で不可解なのは、あちこちに残っていなければならないはずのイラク兵の死体が、ほとんど見当たらないことである。

戦車から顔を出した焼け焦げたイラク兵や、降参したイラク兵の行列する写真はあっても、激しく交戦したはずの戦場に転がっていて当然のイラク兵の死骸がほとんど存在しないのは、映像としても異常な光景である。

スポークスマンは後に、「敗走するイラク兵が戦死者を埋めたのだ」というコメントを出したが、敗走兵のどこにそんなゆとりなどあるというのか？

戦死者の死骸を埋めるシーンは、大分後になってマスコミを前に撮影許可され、埋めた位置もＧＰＳで確認するシーンが流されたが、それほど厳密にやれたなら、なぜアメリカにイラク兵の戦死者数の詳しいデータがまったくないのか、かえって矛盾が大きくなる。

皮肉なことに一番困ったのが、同じアメリカの「商務省統計局」だった。

イラク兵の戦死者数は最高機密だった？

「商務省統計局」の国際人口調査部では、毎年世界中の人口を国別に詳細な数字として発表しているため、１９９２年度版の「世界人口統計」をまとめるのに、イラクの戦死者数が必要になった。

しかし、「国防省」がその点になるとまったく協力する態度を示さないため、業をにやした人口調査部のエキスパートのベス・ダポンテは、戦争規模と使用兵器、戦闘日数などから推定する方法で、イラクの戦死者数をざっと15万8千人と弾き出したが、その結果、一体何が起こったか？

ダポンテは、国の重要秘密を漏洩した罪で解雇されてしまったのである。正確にいえば、職務遂行上における不行き届きの罪状で首になるのだが、自分の職務をまっとうした人物に職務不行き届きはないだろう。

結果、アメリカ政府は、ダポンテが集めた関係書類のすべてを没収する。

一体アメリカ政府と軍は、イラクの戦死者数から何を隠そうとしていたのだろうか？

その不可解な行動の裏に、とんでもない兵器が多国籍軍にも気づかれずに使用されていたという事実があった。それが、アメリカが世界の目から完全に覆い隠さねばならない人類最終兵器「プラズマ兵器」である!!

「湾岸戦争」は「プラズマ兵器」の実験場

当時、既にアメリカ軍はマイクロウェーブ方式と、中性粒子線方式を併用する多種パターンのプラズマ攻撃を、多国籍軍兵士の気づかない場所で使用していた。

マイクロウェーブ方式も中性粒子線方式も、基本的には「反射衛星」を使用するが、前述したように、前者は拡散性を利用するパラボラアンテナを、後者はミラー（鏡）を使用し、ピンポイント・アタックの際に焦点を絞り込みやすいことから、粒子線が追加開発されていた。

そのため徹底的な報道管制が不可欠で、この恐るべき最新兵器の存在をマスコミから隠すのに最大の防御を張ったのである。

裏返せば、「プラズマ兵器」実戦使用の実験場が、「湾岸戦争」だったことになる。

「湾岸戦争」では多くの最新兵器が使用されたことは事実で、イラクの軍事施設をピンポイントで吹き飛ばしたり、イラク兵で満杯の逃げ去るトラックをピンポイント攻撃で木っ端微塵にし、さらに、各種空体地ミサイルにより戦闘車両を鉄クズ同然にし、攻撃ヘリにより部隊ごと全滅したイラク軍部隊もあった。

が、しかし、それが「湾岸戦争」のすべてではなかった。極端に聞こえるかもしれないが、多国籍軍は既にいなくなったイラク軍の戦車めがけて攻撃していた戦闘が山ほどあったのだ。

そういう戦場では、前もって「プラズマ兵器」が使用され、摂氏数万度の超高熱でイラク兵を瞬時に蒸発させ、多国籍軍は兵士がいなくなった戦車を攻撃していただけとなる。

そしてミステリーが起きる。そこにあるはずのイラク兵の死体がまったく見当たらないのである。

「低熱プラズマ」がイラク兵を襲う

あらかじめ「プラズマ兵器」で攻撃を仕掛けることは、イラク歩兵軍に対して特に多用された戦術だった。イラク兵の前に急に巨大な火の玉が出現し、数秒で摂氏数千〜1万度の超高熱で焼き尽くしていった。そこに配置されていたはずのイラクの精鋭部隊も、陸上部隊もすべて数分ほどで灰燼となり、局地的温度差が生む凄まじい旋風に吹き飛ばされ、跡形も残らなかった。

時には、「低熱プラズマ」が塹壕や地下壕に隠れるイラク兵を襲い、激しい虚脱感を与えたり、呼吸困難、幻覚症状を起こさせた。しかし、西側のマスメディアには、そのどれもが、多国籍軍の激しい集中砲火による恐怖が生んだ精神的パニックと発表された。

確かにそれは一理あるが、多国籍軍の放つ集中砲火が激しいとはいえ、アメリカが映像を公表した、すごい数のミサイルが間髪入れずに飛んでいく、あの状態がずっと続いていたわけではない。ついつい映像のマジックでそう思いがちだが、あの状態が続けば、多国籍軍のミサイルや砲弾はたちまち底をついてしまっただろう。

それに、戦場となった砂漠はあまりにも広大で、イラク兵の陣営配置は横に細長く分散していた。

余談だが、当時、世界最強といわれた旧ソ連の最新鋭戦車「T－72」がイラク軍に配備されていたが、部隊ごと何の反撃もできずに全滅している。

その裏に「プラズマ兵器」が関わっていたことを知ったクレムリンが驚いたのも無理はない。当時の「T－72」は、通常の戦闘車両同士の戦いであれば無敵といってもよく、イラク兵も砂漠特有の戦い方に手慣れていたが、軍事衛星から放たれる超高熱プラズマが、一瞬にして米ソの軍事バランスを崩壊させたのである。旧ソ連の「ＩＣＢＭ／大陸間弾道弾」の数における、アメリカに対する圧倒的な地位と優位を奪い去ったのだ。

核兵器は使ったら最後、自国も攻撃される「相互破壊兵器」だが、「プラズマ兵器」はこちらの正体を知られずに、いつでもどこでも使えるばかりか、放射能をまったく出さない「クリーン兵器」だった。

実は、戦車など戦闘車両内で蒸発したイラク兵以外の死体は、アメリカ軍がすべて一カ所に集めて放置していた。その後、死骸の山をめがけて超高熱プラズマが出現、たった数分で灰にしていった。砂漠の各所に残された「ミステリーサークル」も、烈風が砂塵を巻き上げて消し去っていった。

かくして、証拠はすべて消し去られたのである。

旧ソ連は「地震兵器」の開発を進めていた

旧ソ連が崩壊したのは、1991年の「湾岸戦争」で、アメリカの圧倒的破壊力を持つ「プラズマ兵器」の存在を見せつけられた、同年12月だった!!

1993年4月2日、ロシアの「イズベスチャ」紙は、バンクーバーで行われた「米ロ首脳会議」の席上で、当時のボリス・エリツィン大統領が〝「プラズマ兵器」の技術協力をアメリカに申し出た〟と報道している。

旧ソ連がアメリカ同様に「プラズマ兵器」を開発していたことは軍事専門家の間では常識で、「クリチャトフ研究所」がその中心地だった。旧ソ連はそこで第一章で触れたニコラ・テスラが開発した「地震兵器」の実用化を急いでいたのである。

「地震兵器」とは、活断層めがけて高エネルギー（プラズマ）弾を撃ち込み、巨大地震を発生させて敵を殲滅させる兵器のことをいう。

実用化する前に旧ソ連は崩壊したが、実際は資金難から開発途中で放棄せざるをえなくなったとされ、これが完成していたら、プレートの境界部を破壊することで西側陣営に甚大な被害を与えることが可能となっていた。

「ＨＡＡＲＰ」も、時を同じくして１９８０年代の終わりからアラスカ州で建設が始まり、２００５年の終わり頃に完成したとされるが、数年前から様々な実験で稼働していたことはわかっている。

日本以外の国々はアメリカ軍の「地震兵器」の存在を知っていた!!

アメリカは地震兵器を既に完成させている。兵器の名はおとなしい「環境兵器」だが、実態は地震兵器、つまり「プラズマ兵器」のことだ。

アメリカが地震の巣を目標にリレー衛星から高エネルギーを撃ち込むだけで、活断層は破壊され、プレートも破断して瞬時に超弩級地震が発生する。

それが海洋であれば現代人が体験したこともない巨大津波を発生させることも可能だ。

２００４年12月26日午前７時58分50秒（現地時間）、インドネシアのスマトラ島北端沖を震源に、マグニチュード９・０の巨大地震が発生した。スマトラ沖は、インド・オーストラリアプレートがユーラシアプレートの下に沈み込む位置にあり、そのプレート約１０００キロが一気に横滑りを起こして沈み込んだのだ。

「阪神淡路大震災」の1400倍の規模！

茨城県つくば市にある「産業技術総合研究所」の解析によると、スマトラ沖地震のエネルギーは、「阪神淡路大震災」を起こした地震の1400倍の規模だったとされ、アメリカの地球物理学者のケン・ハドナットの観測結果によると、衛星データの解析から、スマトラ島北方にあるニコバル諸島などの小島が、最大で30メートルも瞬時に移動したことが確認された。

地球の自転速度にも異変が起き、一日の長さが100万分の2・68秒短くなり、地軸も2・5センチ東に移動した。インドの観測チームの観測データでも、アンダマン諸島がインド本土から1・5メートル遠ざかったとある。

しかし、最大の被害は地震よりも巨大津波で、現地に赴いた「東大地震研究所」の都司嘉宣助教授（当時）を団長とする国際調査団日本隊の調査によって、バンダアチェ西海岸4カ所の津波の高さは、27・67メートル、23・84メートル、21・98メートル、18・47メートルで、バンダアチェ市街地では9〜12メートルに達していたと判明した。

その後、津波の最大の高さは34・9メートルと判明、10階建てビルの高さに相当する巨大津波と確認され、国境を越えた津波被害は甚大で、スリランカ、インドネシア、インド、タイ、マレーシア、モルディブ、ソマリア、バングラデシュなど、インド洋全域が未曾有の被害をこうむった。

死者は15万人を越え、行方不明者を合わせると20万人を突破。中米のメキシコも1メートルの津波が襲い、南米チリのアリカでも70センチの津波が押し寄せ、さらなる津波が押し寄せる噂が広がったため、チリの沿岸地帯はパニック状態に陥った。

アメリカ軍の「地震兵器」による攻撃との噂が広まる

2005年1月6日、「時事AFP電」が妙な報道を世界に向けて流し始めた。タイトルは「環境兵器か宇宙人か？　闇の支配者による仕業か!?」である!!

タイトルはコミカルだが、現実被害の深刻さからもおふざけではすまない。むしろある目的を隠すためのカモフラージュと取るべきで、内容は「スマトラ沖大地震」の発生から11日後、妙な噂が広まりつつあるとする前文から始まり、あの地震がアメリカ軍の極秘の「地震兵器」によって発生したとする話を展開していた。

「インド・スマトラ沖地震」の起きた日が、イランで起きた未曾有の「バム地震」のほぼ一年後に当たる奇妙さを追及し、今回の大地震からイランの大地震も、アメリカ軍の「地震兵器」が起こしたのではないかという疑問を呈しているのだ。

2003年12月26日、バムを襲った超巨大地震は、イランで3万人もの死者を出した。当時、既にイランは原子力施設を使ったウラン製造に着手しており、この地震によってその多くの施設が破壊されている。

さらに「AFP電」は、スマトラ沖では過去にプレート型地震による大津波は一度も発生していなかったと、暗にアメリカの「地震兵器」の存在を匂わせている。「地震兵器」がどれほどの破壊と死者を出すかを、巨大津波について無菌状態だったインド洋で確かめたというのだ。

その証拠として、インド洋に浮かぶ「ディエゴ・ガルシア島」のアメリカ海軍基地だけが、事前に巨大津波に対する防御態勢に入っていたと指摘する。

事実、なぜか事前に「インド・スマトラ沖地震」の情報が入っていたため、アメリカ軍艦船はすべて津波と逆方向への移動を完了しており、基地も無傷で損傷の多くを免れていたとした。

そのことを知ったオーストラリアやタイ等の各国政府は、一斉にアメリカを非難し、アメリカが地震と巨大津波の事前警告を怠ったと責め立てた。

しかし、大津波直後から、アメリカは被害国に対する膨大な救援物資と支援金の提供を開始したのである。結果、あれほど高まったアメリカへの非難の声は、一気に沈静化した。

アメリカは世界を「グレート・リセット」しようとしている

「AFP電」は記事のバランスを取るためだろう、大地震が「環境兵器」ではなく、純然たる天災とする学者の意見も載せている。「フィリピン火山地震研究会」の科学者バート・バティスダのコメントとして、「地震兵器が地震と大津波を発生させるには恐ろしいほどエネルギーが必要で、そんな兵器の存在は万が一にもありえない」とコメントしている。

果たしてそうだろうか？

「早稲田大学」の大槻義彦名誉教授は、「アンダーソン局在（※2）」を利用した磁力線の物理現象を用いるシミュレーションを行い、わずかな電力で、その500～700倍もの強いエネルギーを生み出すことに成功しているのである!!

ここで今の日本人が気づかねばならないのは、「太陽活動の異常」、「地球温暖（灼熱）化」、「異常気象」、「巨大地震」に、アメリカ軍の「プラズマ兵器」、「HAARP」、「N－HAARP」が上乗せされている現実であり、その手段として用いられるのが「ショック・ドクトリン（惨事便乗型資本主義＝大惨事に付け込む過激市場原理主義）」による〝トランスフォーム（跡形も無く変換する）〟で、そこには世界を「グレート・リセット」する構図が隠され、どれ一つとして無関係ではなく連動し一体化していることである!!

※2　例えば結晶に含まれる不純物などにより不規則なポテンシャルが電子に働く場合、その不規則さがある値を超える時に見られる、電子の波動関数の空間的な局在のこと。

「地震・気象兵器」は都市伝説ではなく現実だ!!

「3・11 東日本大震災」レベルの地震や、巨大津波を起こすことは、今のアメリカなら簡単にできる。

地震・気象兵器は「電子レンジ」の応用であり、一定量の電磁波を軍事リレー衛星から照射すると、地下であれ海底であれ、電磁波は何でも「透過」するため、そこに恐ろしい激変を起こすことができる。陸地であれば深さ10キロ程度なら活断層を破壊でき、深さ数千メートルの海溝も同様で、深海を震源とする「プレート破壊」を起こすこともできる。

大地震には太陽が関係している

通常、人工地震は核爆発により引き起こされる。実際、過去の核兵器の地下実験では、震度8までの地震を誘発することが実証されている。

ロシアの地震研究家ボーコフは、ほとんどの地震が大気中、あるいは周回軌道で引き起これるとの見解を述べているが、それは一体どういう意味なのか?

日本の「国立極地研究所」は、日々、世界中の天気予報を入手しているが、それを見れば、大体どこで地震が発生するかの予測を可能とする。なぜなら、地震の発生には太陽と気圧が最大の影響を与えると見られるからだ。

しかし、これはあくまでも過去の統計によるもので、必ずしも予測した時に巨大地震が発生するわけではないらしい。

それでも、過去の巨大地震が起きた時の太陽活動と気圧データから、少なくとも巨大地震に太陽活動が影響しているのは明らかで、その関連は無視できないようだ。

大気の重量は512Trillion（Millionの3乗）で、丘陵や平野を作り上げているが、気圧が上昇すると地殻活動が活発になり、地殻プレートの張力が最大値に達すれば、地面が揺れ始めるのは至極当然という。

このあたりは前にも登場したニコラ・テスラの電磁波（電磁気）で無線送電する構想と関係するもので、テスラの「World Wireless System（世界システム）」の主張にさかのぼることができる。彼は大気中に存在している波長の長い電磁波「シューマン波」の助けを借りれば、地面を振動させることができると主張。実際、幾つも人工地震を発生させている。

この原理に基づく技術は核爆発に比べてエネルギーも少なく、適切な周波数と十分な強度の電磁エネルギーを発射できるジェネレーターがあれば可能とされ、リレー衛星からの発射も可能である。リレー衛星から照射されたエネルギーは地殻層の中で5〜6倍に集積し、こうして仕掛けられた地震は数日後に引き起こされるという。

それに不可欠なのが「HAARP」で、人里離れたアラスカに最初は建築され、気象現象の研究のためとされていたが、軍が関わる以上は明らかに軍事施設だった。

「HAARP」は高周波から低周波まで様々な周波数を持つ兵器で、最強度に達すると電離層に穴を開け、太陽風の直撃をその真下に降り注ぐことも可能という。時には電離層の反射を利用し、ある地域に「電磁気シャワー」を浴びせることもできることから、「HAARP」の周辺に各種の観測機を置く団体が現れ、モニターで24時間集中監視をしている。

「南海トラフ地震」の危険は今そこに！

しかし、アラスカ州の「HAARP」ではそれが可能でも、ユタ州の「エリア52」の巨大地下施設から顔を出す「N-HAARP」は観測不能である。

後は、そこに巨大エネルギーを軍事衛星から打ち込めば、一気にプレート破壊が起こり、超巨大津波を伴うプレート型地震を起こすこともできる。つまりアメリカは、「インド・

スマトラ沖地震」の成果と、「湾岸戦争」の成果を踏まえ、「3・11 東日本大震災」で日本を実験台に利用しようと踏み切ったことになる。

2025年、いつ「南海トラフ地震」が起きてもおかしくない中、地球深部探査船「ちきゅう」が2019年から「南海トラフ」の超深度掘削を開始し、これまでにボーリングの深さは海底下3262メートル余に到達した。

この超高圧下の深海で行われるボーリングの掘削孔に、猛烈な圧力で海水が押し込まれる現象が起きていれば、プレートとの接合力を失いかねない状態を「ちきゅう」が作り出しているかもしれず、結果として「ちきゅう」が「南海トラフ地震」の誘発に手を貸していることになる。

2025年に「南海トラフ地震」が起きるか、「東京直下地震」も起きるかは不明だが、もし起きたら「太陽活動」が加速する中で起きるだけに、超弩級の規模になることだけは間違いないだろう。

「ロサンゼルスの山火事」「岩手県大船渡の山火事」も三点同時発火!!

2025年1月14日、カリフォルニア州ロサンゼルス周辺で山火事が発生、一気に3地区で拡大し、異常な乾燥と「サンタ・アナの風」と呼ぶ強風が重なったため大惨事となり、さっそく巨大ヘッジファンドと不動産業者が一斉に喰いつく「ショック・ドクトリン（惨事便乗型資本主義）」に拍車がかかった。

それは、1月20日にドナルド・トランプが大統領に就任するまで、民主党のバイデン政権下でしか可能でなかった最後の〝駆け込み〟だった。トランプ就任後は、トランプの許可なくロックフェラーの命令で、CIAを含む「ペンタゴン」に巣食うユダヤ系シンジケートと「モサド」が自然災害として実行する。

アメリカは中国に日本を攻めさせる意図!?

現在、イギリスのロスチャイルドとアメリカのロックフェラーは、中国をロシアに見立てた「日本ウクライナ化」を計画している。中国軍が尖閣諸島どころか、沖縄、九州にも上陸、次々と中距離ミサイルを発射して、日本全土を完全壊滅させる計画である。中国人民解放軍に日本人を虐殺させ、その後、アメリカの正義の騎兵隊が出動、イギリス軍とアメリカ軍が宇宙から照射する「プラズマ兵器」で悪しき中国を叩き潰すのである。首都東京を破壊するのに使われるのが、ユタ州に完成した「エリア52」の巨大地下構造からせり出す、3本の超弩級「N－HAARP」で、パラボラアンテナから放射される電磁波を電離層で跳ね返し、日本列島を直撃して大地震と巨大津波を起こす「プラズマ兵器」である。

これにより「東京直下大地震」を人工的に起こして日本の首都を壊滅させ、続いて「南海トラフ地震」、「東南海トラフ地震」、「東海トラフ地震」が連続する。日本列島から在日アメリカ軍が避難のために撤退するのを見た習近平は、アメリカなき日本に「台湾侵攻」と同時に喰いつくことになる。

そのための準備テストを、ロックフェラーがトランプ大統領の頭越しに、「ペンタゴン」に巣食うユダヤ組織と、「CIA」の下請けを行う「モサド」に命じた。「N－HAARP」の電磁波により、強風下の岩手県大船渡市の山林の3カ所を同時発火させ、たちまち日本最大級の山火事に発展させたのがそれである。

3点同時発火は、ハワイのマウイ島山林火災、ロサンゼルス森林火災時とまったく同じパターンである。

事実、前述の通り、ユタ州の「エリア52」に完成した「N－HAARP」は、超弩級のパラボラアンテナの垂直塔が3本あり、電離層に反射させるだけで、世界中のどこにでも大火災、大地震、大津波を引き起こすことを可能とする。

その存在を理解せずには、「9・11 アメリカ同時多発テロ」も、「3・11 東日本大震災」も、「マウイ島大惨事」も、「能登半島地震」も、「羽田空港衝突事故」も、「ロスの山火事」も「ショック・ドクトリン」の「惨事便乗型資本主義」で、わざと起こされているという事実に気づくことはない。

「民主党」のバイデン（前）大統領は、アメリカ国内で「ショック・ドクトリン」に奔走し、「ハワイのマウイ島の山火事」、「ロサンゼルスの山火事」を「N－HAARP」で次々と決行、莫大な利益を巨大不動産業、建設業、ヘッジファンド等にもたらすトンデモない老害だったのである。

国際政治も、軍事バランスも、すべてが「地球温暖化」と連動し合っている

ここまで述べてきたように、まったく違う分野のそれぞれのデータが、別々とはいえ「ジグソーパズル」の一つ一つのピースのように、実際は関連している可能性があるのではないか？

「地球温暖化」が「地球灼熱化」となる今、「太陽の異常活動」とも重なる「太陽圏（ヘリオスフィア）の異常」、さらに「銀河中心部から太陽圏を襲う銀河磁力線」の存在を考え合わせると、現在の地球を巻き込む太陽の異常活動は、太陽プラズマ圏に対する強烈な「銀河磁力線」の攻撃を跳ね除けようとして、「太陽圏（ヘリオスフィア）」における攻防戦が繰り広げられている結果と見ることもできる。

太陽の「5分振動」が、仮に「4分振動」、「3分振動」となってきたら、地球は大変な状況に陥るかもしれない。

太陽の光が地球に到達するまで、およそ7分とされるが、太陽エネルギー爆発の巨大フ

レア「ＣＭＥ：Coronal Mass Ejection」が、地球に向けて爆発した場合、電磁波照射による最大の被害を受けるのは、「インターネット」でもなければ、「航空機」でもなく、「原発」でもなく、世界中に存在する「変電所」だ。そこを電磁波が直撃すれば大火災が発生し、復旧に４年は要するとされている。

アメリカは、過去に何度か大停電を経験しているため、「ＣＭＥ訓練」を行っても、全米中の「変電所」の完全停止に間に合わない（40パーセントは焼失）ことが判明。これが世界規模で起きた場合、人類は16世紀に戻るとされている。

地球を守る「バンアレン帯」に亀裂が生じている

一方、現実的な話として、地球を有害な太陽風から守っている地球磁場の「バンアレン帯」が、過去50年の間に裂け始めたことが判明している。

地磁気による地球の鎧に生じた裂け目は南大西洋の上に位置しているので、アカデミズムはそれを「ＳＡＡ／South Atlantic Anomaly（南大西洋異常帯）」と呼んでいる。

地磁気が弱い領域に、より多くの荷電粒子が流れ込むことで、機器の故障を引き起こす可能性があり、この地域を通過する低軌道衛星（主に軍事衛星）、「ＩＳＳ／International Space Station（国際宇宙ステーション）」に影響を与える可能性が高い。

最近、「ESA/欧州宇宙機関」の科学者たちは、「過去5年間で、バンアレン帯の異常が分裂した可能性がある」と報告しており、磁力の弱い領域がアフリカの南西の海上に発達している他、もう一つは南米の東にも発達し、このまま進めば「バンアレン帯」がバラバラに分裂するかもしれないという。

2020年5月20日、「ドイツ地球科学研究センター」のユルゲン・マツカは、「この新しい南大西洋異常帯の東の領域は過去10年間に出現し、近年は活発に発達している」とプレスリリースで語った。

ESAは2013年11月に地球の磁場の変化を高精度&高詳細に測定することを目指し、3基の人工衛星「SWARM」を打ち上げたが、2014年6月19日、「SWARM」が送ってきたデータから、地球の磁場が10年間に約5パーセントのスピードで弱まっていることがわかった。

結論として、地球の「磁極反転」が、2000年後という予測よりかなり早く起きるかもしれないとし、西半球の上空には既に磁場が弱いスポットができ始めているとする。

いまだに日本はアメリカ軍に支配されている!

そんな折、日本の総務省が電離層のE層を空けるため、民間AMラジオ放送事業者に対して、AMラジオ放送の維持コストの負担が難しいといったことを理由に、2024年から25年にかけて、一定期間内にAMラジオ放送を休止するよう特例措置を設けた。民間AMラジオ放送事業者の選択としては、コストが抑えられるFMラジオ放送への変更（FM転換）か、AM放送局を廃止（AM局廃止）するかである。

この特例措置の適用を受けた民間AMラジオ放送事業者は、AMラジオ放送の運用を休止し、それによる影響の検証を行うとあるが、実は、これにはアメリカ軍の意向が関与しているとされる。

一般にはほとんど知られていないが、隔週ごとに日本の霞が関省庁の官僚たちが招集され、アメリカ軍の命令を受ける「日米合同委員会／Japan-US Joint Committee」が開かれている。その中枢メンバーが「横田基地」のアメリカ軍であり、表向きの理由は「日米地位協定問題」の帰結だが、それを隔週でやるほど地位協定は進展していないため、「日米合同委員会」は裏で何かを決定していることになる!!

その席では、在日米軍司令部第五部長、在日米陸軍司令部参謀長、在日米空軍司令部副司令官、在日米海兵隊基地司令部参謀長らが、日本の法務省大臣官房長、農林水産省経営局長、防衛省地方協力局長、外務省北米参事官、財務省大臣官房審議官に命令を下し、東京のアメリカ大使館公使はアメリカ駐日大使へ報告する役目でしかない。

つまり、日本ではダグラス・マッカーサー以降、在日アメリカ軍に「シビリアンコントロール(文民統制)」は存在せず、そこで決められた「アメリカ軍」の命令を、傀儡《かいらい》の「自民党」が法案化、「財務省」を中心に日本人を支配するシステムになっている。

「サンフランシスコ平和条約」に「独立」の文字はない!

戦後、ダグラス・マッカーサーと「GHQ/General Headquarters of the Supreme Commander for the Allied Powers(連合国軍最高司令官総司令部)」は、「CI&E/Civil Information and Education Section(民間情報教育局)」に命じ、日本占領政策の一環として、日本人に対する再教育計画「WGIP/War Guilt Information Program(戦争についての罪悪感を日本人の心に植え付けるための宣伝計画)」を立ち上げ、徹底的に日本人に罪悪感を植え付けた。

一方、吉田茂が交わした「サンフランシスコ平和(講和)条約」の〝正文〟は、「英語版」、「フランス語版」、「スペイン語版」で、「日本語版」は正文の資格がない〝準文〟として扱われ、日本人向けに吉田は〝独立〟と書かせたが、正式な正文にはどこにも〝独立〟の文言は存在しない!!

「英語版」には、独立国家承認の際に使う"independent country"という言葉はどこにもなく、ただの〝state（州）〟とあるだけで、アメリカの「United States of America」の準州、せいぜい〝ハワイ州の一部〟とするような文書に、吉田が調印したことになる。

これは、吉田茂の1億の日本人に対する重大な裏切り行為であり、その孫である「自民党」の麻生太郎も、それを当然知る立場にある以上、この一族は国賊以外の何者でもない。

だから、アメリカは「国連」の敵国条項からいつまでたっても日本を外さなかった、いや〝国〟ではないので外せなかったのだ。

アメリカは日本を「ハワイ州の一部」と見ている！

「国際連合憲章」条文第53条、第77条、第１０７条の3カ条の「敵国条項」には、今も日本が世界の敵として明記されたままだ。

特に第53条第1項後段・安保理の許可の例外規定と、第１０７条・連合国の敵国に対する加盟国の行動の例外規定に、「第二次世界大戦中、連合国の敵国だった国が、戦争により確定した事項に反し、侵略政策を再現する行動等を起こした場合、国際連合加盟国と地域安全保障機構は、国連の安保理の許可が無くても、当該国に対し軍事的制裁を課すことが容認され、その行為は制止出来ない」とある。

これを使って中国は国連への事前通告なく日本を核攻撃したいため、「尖閣諸島」の周辺で「海上自衛隊」、「航空自衛隊」を挑発し、先に弾を撃たせようと画策している。

さらに、日本の首都圏上空の「横田空域」をアメリカ軍が統制下に置く理由も、日本列島全域が国家ではなく、アメリカの州（ハワイ州）の一部だからだ。

戦後、堂々とハワイ州の一部にできなかった理由は、そんな真似をしたら最後、1億人の日本人がハワイ州を占領し、知事も日本人がなり、下手をすれば日本人の大統領が誕生してしまうからだ。

だからアメリカは、そのあたりをすべて中途半端にしておき、アメリカにとって最も都合がいい時が来たら、「マニュフェスト・デスティニー」で日本人を消してしまえばいいということになる。

日本は実質的にアメリカの支配下にあるとはいえ、「シビリアンコントロール／文民統制」ではありえない、軍による統制下に置かれているという構造であり、日本がアメリカの〝特区〟として、マッカーサー帰国後も東京の「横田基地」がその全権を担い続け、東京の「アメリカ大使館」がそれに従属するという異常地帯が、日本という領域なのである。

沖縄返還交渉担当者だったリチャード・リー・スナイダー駐日首席公使が、日本における異常なアメリカ軍部主導の「日米合同委員会」の存在に激怒し、「アメリカの軍人たちが日本の官僚と直接協議を行い、その場で指示を与えるのは極めて異常で、日本との関係はアメリカ大使館の外交官によってのみ処理されなければならないはずだ!!」（「アメリカ外交文書／Foreign Relations of the United States」1972年4月6日）と訴えたが、ホワイトハウスは一切無視している。

その横田基地の命令で、日本でのAMラジオが廃止されることになった。2024年2月1日から、順次AMラジオ放送の運用休止が行われ、2025年には完全廃止に向かい、最終的には短距離専用FMラジオに移行する。

AMラジオ廃止は「N-HAARP」の攻撃の証拠を隠すため？

ここで問題なのは、なぜアメリカ軍が日本でAMラジオを廃止させるかだ。

AMラジオは、電離層を利用するシステムで、「電離層」は、電子密度の違いで、下からD層（60〜90キロ）、E層（100〜120キロ）、F1層（150〜220キロ）、F2層（220〜800キロ）の4段構造に分けられる。AMラジオは、昼間はD層、夜間はE層に電波が届き、特にE層は電波を反射するため、地表とE層の間で反射を繰り返して、放送局から送信した電波が遠くまで伝わることを可能とする。

これが、アメリカ軍の「N-HAARP」にとって都合が悪いのだ。太陽活動期を利用した「地震兵器」を使用すると、AMラジオが強力なノイズで聞こえなくなる。日本で大地震が起きた際に、そのノイズがアメリカ軍が電離層を利用した「N－HAARP」で攻撃した証拠になると都合が悪いため、E層を利用する日本のAMラジオを廃止させると受け取れる。

アメリカと日本は「日米安保条約」の同盟国と信じているのは日本人くらいで、「横田基地」にはまったくそんな考えはない。

事実、アメリカは尖閣諸島について、日本の施政権を認め、「日米安保条約第5条」が適用される態度を取ってきたが、中国が歴史を無視するチャイナ・スタンダードで威圧し始めると、日本の主権が及ぶ領土かどうかについて、「アメリカは特定の立場を取らない」という曖昧な態度を取り、故意に明言を避け始めたのだ。

アメリカは日本近海の石油・天然ガスを狙っている！

宙ぶらりんの台湾にも武器販売だけは平気で行い、尖閣諸島も宙ぶらりんにするアメリカの姿勢の先にあるもの、それは中国という馬の前に、台湾、尖閣という人参をぶら下げ、有色人種同士を殺し合わせるという、アメリカのアングロ・サクソン的戦略である。

ＣＩＡを統括するアメリカ大統領直属機関「ＮＳＣ／United States National Security Council（国家安全保障会議）」の議長で東アジア担当だったジョセフ・ナイが、アメリカ上院下院200名以上の国会議員を集めて作成した「対日戦略会議報告書」には、「日本と中国の殺し合いを行わせる戦略」が明確に記されている!!

そこにはこうある。

①東シナ海から日本海近辺には未開発の石油・天然ガスが眠り、その総量は世界最大のサウジアラビアを凌駕する分量である。アメリカは何としてもその東シナ海のエネルギー資源を入手（略奪）しなければならない。

②そのチャンスは台湾と中国が軍事衝突を起こした時である。当初、アメリカは台湾側に立ち、中国と戦闘を開始する。日米安保条約に基づき、日本の自衛隊もその戦闘に参加させるよう誘導する。そうすれば、中国はアメリカと日本の補給基地である日本のアメリカ軍基地、自衛隊基地を攻撃するはずである。日本本土を攻撃された日本人を逆上させ、本格的な日中戦争が勃発するようにする。

③アメリカ軍は戦闘が進むに従い、徐々に戦闘から後方支援（本格的米中核戦争を防ぐ名目）に回り、日本の自衛隊と中国人民解放軍の戦争が中心になるよう誘導する。

④日中戦争が激化した段階で、アメリカが和平交渉に介入し、東シナ海、日本海でPKO（平和維持活動）をアメリカ軍が中心になって行う。

⑤東シナ海と日本海での軍事的＆政治的主導権をアメリカが握り、この地域一帯の資源開発にアメリカのエネルギー産業が圧倒的な開発優位権を手中にする。

⑥この戦略の前提として、日本の自衛隊が自由に海外で軍事活動ができるような状況を形成しておく必要がある。

これらは「都市伝説」、「陰謀論」等のフェイクではない、アメリカの政権中枢の「戦略文章」に明確に書かれていることだ。

要は、日本に大災害を与えれば、中国はこれを好機とばかりに台湾と尖閣に侵攻し、大災害の中で活動する自衛隊をアメリカ軍が「恐中病」で連れ出し、「日中極東戦争」に日本を巻き込む戦略でいるのだ。その証拠がAM局廃止と推測でき、二酸化炭素による「地球温暖（灼熱）化」など信じないアメリカ軍の、巨大資本と連動する軍産複合体による「The Shock Doctrine／ショック・ドクトリン（惨事便乗型資本主義）」が日本で炸裂するのが、多少の前後はあるかも知れないが、２０２５年の可能性があるということである。

物事は、一つのブロックのみで終結する構造ではなく、すべてが連動するブロックチェーンの時代、国際政治も、軍事バランスも、すべてが「地球温暖（灼熱）化」の本質と連動し合っていることを知らねばならない。

エピローグ

情報の渦から真実をつかみ取れ

太陽は「11年周期」で活発と不活発を繰り返していることが知られ、活発な時期には磁力線が集中する黒点の数や、太陽フレアの発生数が増加し、不活発な時期は逆に減少する。「11年周期」で最も活動な時期を「極大期」といい、最も不活発な時期は「極小期」と呼び、それぞれ観測された黒点の数から判断している。

活発な活動が続く太陽

2025年の太陽活動は「第25太陽活動周期」が進行、2019年12月に黒点がまったく現れない「極小期」を迎えてから、徐々に黒点の数が現れて活発化してきた。

2024年5月、日本の「NICT（情報通信研究機構）」は、太陽表面で連続発生した大規模太陽フレア「CME／Coronal mass ejection（高エネルギー粒子大量放出）」について、5月8〜15日に大規模爆発が14回、特にXクラス以上が72時間に77回も発生、これは観測開始史上初めてとした。

結果、日本を含む世界各地で「低緯度オーロラ」が発生、「NASA」は今回の「地磁気嵐」は過去20年間で最も強く、過去500年間で最も強いオーロラとして記録される可能性もあるとした。

大規模太陽フレアはその後も発生、2024年10月3日、最も強力なX9・0の〝超弩級フレア〟が発生した。

2024年10月15日、「NASA／アメリカ航空宇宙局」と「NOAA／アメリカ海洋大気庁」は、黒点数が一貫して多い状況が続いているため、2024年1月から進行している「太陽活動周期」の極大期が予測の10月で終わらず、2025年も続くと発表した。

「地球温暖化」の根本原因は、二酸化炭素とまったく関係がない太陽活動の活発化であり、電子レンジにたとえれば電力が500Wから800Wに上がったようなものだ。

太陽がそうなる原因は、銀河系の中心部から太陽系に流れ込む強烈な電磁波と対抗するために、太陽風によるプラズマ・シールドを強化するためといえる。

太陽の活発化は「プラズマ・シールド」を強くするため？

最近、何もないと考えられてきた宇宙空間に、天体間、恒星間、太陽系間、銀河系間に「プラズマ・フィラメント」が網のように張り巡らされていることが判明してきた。「プラズマ・フィラメント」は天体同士が互いの磁場で引き寄せられ、絡み合い、集合するプラズマが合体して螺旋を形成。強力なX線を放ちながら、銀河の螺旋構造を維持している。

裏を返せば、銀河の中心部と太陽系を覆うプラズマ圏がフィラメント状につながり、銀河系の中心部から「プラズマ・フィラメント」を介して膨大なエネルギーが叩きつけられているのかもしれない。

「プラズマ・フィラメント」についての実験で、ガラス管の端に置かれた電磁石を励磁《れいじ》すると、プラズマが回りはじめ、その形状がやがて「螺旋」になることが確かめられている。

問題は、なぜ今、銀河の中心部から強烈な電磁波が、「プラズマ・フィラメント」を介して我々の太陽系に流れ込み始めたかだ。太陽はそれを跳ね返すためにシールドを強めているともいえ、これから先のことを考えると、人類の未来に不安を覚えざるをえない。

「HAARP」「N-HAARP」が響かせる〝世界終末の音〟

近年の活発な太陽活動に便乗して蠢いているのが裏NASAである。裏NASAの気象兵器、地震兵器である「HAARP」、「N-HAARP」について、幾つか補足説明をしておこう。

アラスカの実験的「HAARP」について、日本のアカデミズムの見解は、「アラスカ大学」をはじめ、「スタンフォード大学」、「ペンシルベニア州立大学（ARL）」、「ボストン大学」、「カリフォルニア大学ロサンゼルス校（UCLA）」等、全米14以上の大学が関わる民間研究組織と思い込んでいる学者がほとんどだ。しかし、それらの上に君臨するのが「アメリカ空軍」、「アメリカ海軍」であり、「アメリカ国防総省／ペンタゴン」が莫大な資金を出し、「DARPA／国防高等研究計画局」が全体を仕切る以上、「軍産複合体」による最新軍事兵器開発のための連携と見るのが正しい。

そうして開発されたのが21世紀型最新鋭軍事兵器システム「HAARP」であり、その完成形が「N-HAARP」なのである。

それを前提として、「MHzオーダー」について補足説明をしよう。そもそも海底深くまで電波や電磁波が通るのかというと、それらは水中を通過しないというのが常識である。

ところが、それはアナログの時代の話で、今はデジタルの時代である。水は「比透磁率」が約1で、「比誘電率」が約80という非常に高い誘電体だが、デジタル化した「MHzオーダー」以下の「低周波」なら、簡単に貫通することがわかっている。

特に大地震は低周波で起きるため、アメリカが保有する「HAARP」、「N-HAARP」を使えば、電離層で跳ね返った低周波が海底で大地震を起こせるのだ。照射エネルギー量にもよるが、プレートの潜り込みの地殻を1秒間に2万回以上振動させれば、支える力をなくしてプレートが破壊する。

最近、世界中の空で金属を擦り合わせたような不気味な音が響き渡り、多くの住民を驚かせる不可解な出来事が起きている。

それを「アポカリプティックサウンド／Apocalyptic Sounds」といい、『新約聖書』の「ヨハネの黙示録」にある〝アポカリプシス・イオアノ〟から来ている!!

これは〝世界終末の音〟の意味で、あながち間違いではないのは、その犯人が「HAARP」、「N-HAARP」だからである。電磁波方向のスペクトル変異や、周波数分布変化が原因で、電離層が数万回と微振動するため、ある条件下で独特の〝唸り〟が生じるのである。

事実をしっかりと見極める目を養うこと

最後に、『聖書』を信じるか信じないかは別にして、「地球温暖化」を超える「地球灼熱化」についての預言があるので紹介しておきたい。

「第四の天使が、その鉢の中身を太陽に注ぐと、太陽は人間を火で焼くことを許された。人間は、激しい熱で焼かれ、この災いを支配する権威を持つ神の名を冒涜した。そして、悔い改めて神の栄光をたたえることをしなかった。第五の天使が、その鉢の中身を獣の王座に注ぐと、獣が支配する国は闇に覆われた。人々は苦しみもだえて自分の舌をかみ、苦痛とはれ物のゆえに天の神を冒涜し、その行いを悔い改めようとはしなかった。」（『新約聖書』「ヨハネの黙示録」第16章8〜11章）

実は、この後、救世主イエス・キリストが地上に再降臨して、悪が消え失せ人類は救済されるのだが、こういう宗教観は別にしても、少なくとも最先端科学から見た「炭酸ガス排出規制」は、愚かとしかいいようがない非科学の典型といえる。

END

[著者プロフィール]
飛鳥昭雄（あすか・あきお）
サイエンス・エンターテイナーの肩書で、国際政治、国際軍事を科学的に分析、さらに科学でオカルトを解明する活動を行っている。多方面で活動を展開しており、作家＆ジャーナリスト「飛鳥昭雄」の他、漫画家「あすかあきお」、小説家「千秋寺京介」と変幻自在である。雑誌や、YouTube、各種SNS、有料メルマガ、講演会等で活躍中。著書は数百冊を超える。

公式サイト　https://akio-aska.com/
Xアカウント　@askaakiox
ASKAサイバニック研究所NEO（有料メルマガ）
https://foomii.com/00108

太陽の不都合な真実　異常気象の陰で蠢《うごめ》く裏NASA

2025年４月14日　　第１刷発行

著　者　飛鳥昭雄
発行者　唐津隆
発行所　株式会社ビジネス社
〒162-0805　東京都新宿区矢来町114番地
神楽坂高橋ビル５階
電話 03(5227)1602　FAX 03(5227)1603
https://www.business-sha.co.jp

カバー印刷・本文印刷・製本/半七写真印刷工業株式会社
〈装幀〉谷元将泰
〈本文デザイン・DTP〉関根康弘（T-Borne）〈イラスト〉瀬川尚志
〈営業担当〉山口健志　〈編集〉山浦秀紀

ISBN978-4-8284-2711-9